W0372897

Marion Dawidowski

Nistkästen & Futterplätze

Vogelhäuschen selber bauen

christophorus

Inhalt

Infotexte

Marion Dawidowski ist seit vielen Jahren als Autorin im Bereich „Kreatives Gestalten" tätig. Vor allem zu den Themen „Laubsägearbeiten" und „Gestalten mit Papier" hat sie bereits viele erfolgreiche Titel veröffentlicht.

Originelle Nistkästen

Die natürlichen Lebensräume unserer Wildtiere werden immer enger. Auch Vögel sind davon betroffen. Ihnen fehlen oft ruhige Ecken, Nistmöglichkeiten und ein ausreichendes Futterangebot. Unser eigener Garten könnte für diese Tiere zu einer Rückzugs-Oase werden. Dazu braucht es gar nicht viel: Den Garten etwas natürlicher gestalten und einige originelle Nistkästen aufhängen, die durch die schöne Bemalung auch sehr dekorativ aussehen.

Im Frühling fröhliches Vogelgezwitscher aus einem Nistkasten zu hören, ist ein schönes Erlebnis. Vom Liegestuhl aus können wir bald ihre Flugkünste bewundern, während sie emsig Futter für ihre Jungen suchen. Im Winter macht es dann viel Freude, die Vögel am Futterplatz zu beobachten: Die kleinen, etwas hektischen Blaumeisen, die frechen Kohlmeisen oder das scheue Rotkehlchen treffen sich hier.

Mit ausführlichen Schritt-für-Schritt-Anleitungen sind die Nistkästen auch für ungeübte Handwerker mit kleiner Werkzeugausstattung leicht nachzubauen. Zusätzlich finden Sie – nach den Empfehlungen des Naturschutzbundes e. V. – Tipps zum Bau, zur Reinigung und zum Anbringen der Nistkästen sowie Hinweise zur Fütterung der Vögel jeweils auf den Anleitungsseiten.

Viel Freude beim Nachbauen und Beobachten der Vögel wünscht Ihnen

Der besondere Tipp

Auf unserer Internetseite **www.christophorus-verlag.de** finden Sie die im Buch verkleinert dargestellten Vorlagen in Originalgröße zum Ausdrucken und eine übersichtliche Material-Einkaufsliste.

Material & Technik

Das Holz

- Für die Nistkästen nur massives, trockenes, möglichst ungehobeltes, raues Holz verwenden. Der Britisch Trust of Ornithology (BTO) empfiehlt eine Materialstärke von mindestens 15 mm, der Naturschutzbund Deutschland e. V. (NABU) eine Stärke von 20 mm. Bewährt haben sich Nadelhölzer, wie Tanne, Fichte und Kiefer.
- Wichtig: Sperrholz, Leimholz und Spanplatten sind nicht geeignet, da sie nicht ausreichend witterungsbeständig sind und Stoffe enthalten können, die für die Vögel schädlich sind.
- Ungehobelte Bretter sind in Holzhandlungen oder Sägewerken in verschiedenen Maßen erhältlich. Baumärkte haben eher gehobelte Glattkantbretter (18 bis 25 mm Stärke). Diese können ebenfalls benutzt werden, auf der Kasteninnenseite müssen die Bretter jedoch angeraut werden.
- Kleine dekorative Holzteile oder Anbauten können aus wasserfest verleimtem Sperrholz ergänzt werden.
- **Achtung:** Den Maßen der Skizzen liegt eine Materialstärke von 19 mm zugrunde. Falls Sie andere Stärken verwenden, müssen die Maße angepasst werden.

Die Farben

- Für die gezeigten Modelle wurden ausschließlich speichelechte Holzlasuren und Acrylfarben auf Wasserbasis verwendet (z. B. „Hobby Line" von der Firma C. Kreul). Grundsätzlich nur die Außenwände der Nistkästen, Nisthilfen und Futterstellen bemalen. Verwenden Sie keinen Klarlack als Schutz vor Verwitterung, hier können Ausdünstungen die Gesundheit der Vögel beeinträchtigen.

Hilfsmittel & Werkzeuge

- Zum Übertragen der Vorlagen und Baupläne: Transparentpapier, Kopierpapier, Schere, Bleistift, Lineal, Zollstock oder Maßband, Geo-Dreieck und Radiergummi.
- Für das Zusägen und Ausarbeiten der Holzteile: Stichsäge, Tischkreissäge (gerade Schnitte) oder Dekupiersäge; Bohrmaschine, Holzbohrer, Forstnerbohrer oder Lochsäge, Schleifpapier, Hammer, Kneifzange, Schraubendreher und Holzraspel.
- Für die Bemalung: Pinsel in verschiedenen Größen.

Vorlagen übertragen

- Die Maße den Sägeplänen, Bau- und 3D-Skizzen entnehmen und auf das Holz übertragen. Darauf achten, dass zwischen den Teilen, je nach Sägeblatt, etwa 4 mm Platz für den Sägeschnitt bleibt.
- Motivvorlagen mit Transparentpapier abpausen, die Zeichnung auf das Holz legen, Kopierpapier dazwischenlegen und alle Linien mit dem Bleistift nachfahren.
- Um Schablonen für die Bemalung herzustellen, die Vorlage auf Transparentpapier abpausen, auf Tonkarton kleben und das Motiv herausschneiden.

Sägen und schmirgeln

Die geraden Kanten der Einzelteile mit einer Tischkreissäge oder Stichsäge zuschneiden. Bögen und Tore mit der Stich- oder Dekupiersäge arbeiten. Für Innenausschnitte die Form zunächst vorzeichnen. Mit einem Holzbohrer ein Loch bohren, das Sägeblatt aus seiner Halterung lösen, durch die Bohrung fädeln und wieder einspannen. Nun den Innenausschnitt mit der Dekupiersäge heraussägen. Anschließend alle Kanten mit Schmirgelpapier leicht glätten.

Bohren der Einfluglöcher

Hier eignet sich besonders ein Forstnerbohrer oder eine Lochsäge. Beides ist in verschiedenen Durchmessern erhältlich. Möglichst einen Bohrständer verwenden und das Holz mit einer Schraubzwinge sichern. Ebenfalls geeignet ist eine Dekupiersäge.

Zusammenbau

- Am einfachsten gelingt der Zusammenbau der Modelle mit **verzinkten Nägeln**. Der Nagel sollte so lang sein, dass er durch das oben liegende Holz hindurch und mit mindestens der Hälfte seiner Länge in das untere Holz reicht. Damit dickere Nägel das Holz nicht sprengen, mit einem Bohrer, 2 mm Ø, etwa $^2/_3$ der Länge vorbohren. Die Verbindung hält besser, wenn die Nägel gegeneinander gekippt eingeschlagen werden (Abb. 1).
- Eine festere Verbindung wird mit **verzinkten Schrauben** erreicht. Auch die Schraube soll mit mindestens der Hälfte ihrer Länge bis in das untere Holz reichen. Das vorgebohrte Führungsloch muss im Durchmesser etwa $^2/_3$ der Schraubenstärke entsprechen. Sollen die Schraubenköpfe später nicht zu sehen sein, die erste Bohrung zusätzlich mit einem Bohrer im Durchmesser des Schraubenkopfes etwa 8 mm tief nachbohren (ein Stück Kreppklebeband nach 8 mm um den Bohrer gewickelt hilft die Bohrlochtiefe zu bestimmen). Die Schraube ganz eindrehen und das Loch mit einem Stück Rundholz verschließen (Abb. 2).

Bemalung

- Einige Motive mit der **Schablonentechnik** aufmalen (Abb. 3). Die Schablonen auf den Nistkasten legen. Mit dem Pinsel etwas Farbe aufnehmen, auf einem Papierrest abtupfen, bis er fast trocken ist, dann das Motiv der Schablone austupfen. Dabei darauf achten, dass keine Farbe unter den Schablonenrand gedrückt wird.
- **Streifen und Karos** lassen sich einfacher malen, wenn sie mit Kreppklebeband abgeklebt werden (Abb. 4).

Abb. 1

Abb. 2

Abb. 3

Abb. 4

Modelle 1 und 2

Einfacher Viereckskasten
Halbhöhle

1 Alle Teile laut Sägeplan zuschneiden. In das Bodenbrett 4 – 5 Löcher mit 5 mm Ø bohren. In das Vorderteil das Einflugloch (Größe siehe Seite 26) bohren. Je nach Anleitung eine Bohrung für die Sitzstange mit 6 mm Ø etwa 3 cm unter dem Einflugloch arbeiten. Entsprechend der Skizzen für Nägel und Schrauben vorbohren (siehe Seite 7).

2 Die Rückwand am Boden befestigen, dann die Seitenteile bündig mit der Rückwand anbringen. Das Vorderteil oben mit nur zwei gegenüberliegenden Nägeln zwischen den Seitenteilen befestigen, damit es geöffnet werden kann.

3 Bei Modell 2 das Vorderteil fest einsetzen oder zur leichteren Reinigung wie bei Modell 1 mit zwei Nägeln beweglich fixieren.

4 Das Dach bündig mit der Rückwand anbringen. Den Schraubhaken im unteren Drittel in die Kante des Seitenteils schrauben, damit er das Vorderteil verschlossen hält.

5 Den Nistkasten laut Anlcitung und Foto bemalen. Je nach Anleitung ein Rundholz als Sitzstange in die entsprechende Bohrung stecken. Den Nistkasten aufhängen oder aufstellen (Anleitung Seite 15).

Hinweis

Modell 1 (Einfacher Viereckskasten) unterscheidet sich von Modell 2 (Halbhöhle) nur durch die Vorderseite.

zu 2

zu 2

zu 3

zu 4

3D-Skizze

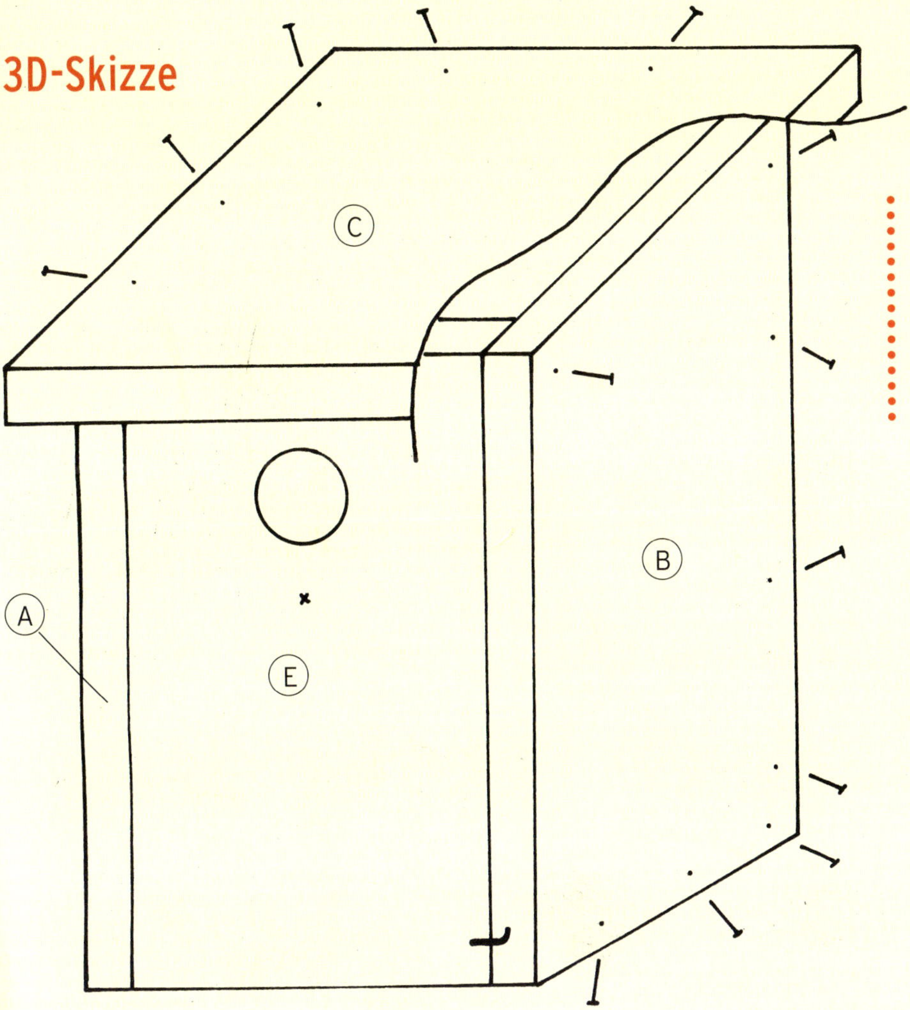

Hinweis

Bei veränderter Materialstärke muss das Seitenteil (die 18 cm) angepasst werden.

Sägeplan

Vorderteil Modell 1: 24 cm
Vorderteil Modell 2: 14 cm

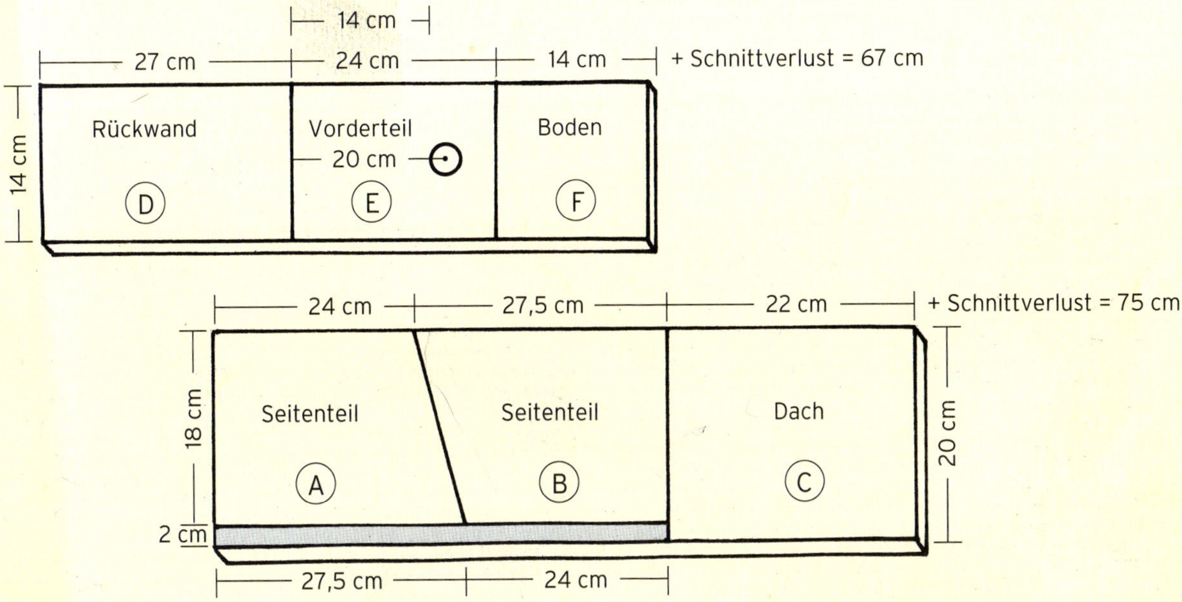

Modell 3 Dreieckshöhle

Zwei Giebelvarianten sind hier möglich:

- Variante A: Die Dachteile stumpf voreinanderlegen, das rechte, kürzere Teil dafür etwas abgeschrägen. Ein Hobel oder Schaber und Schmirgelpapier sind dafür nötig.
- Variante B: Die Dachteile auf Gehrung sägen. Dazu eine Säge mit Vorrichtung zum Winkelsägen verwenden. Beide Dachteile sind hierbei gleich lang (Maße siehe Skizze).

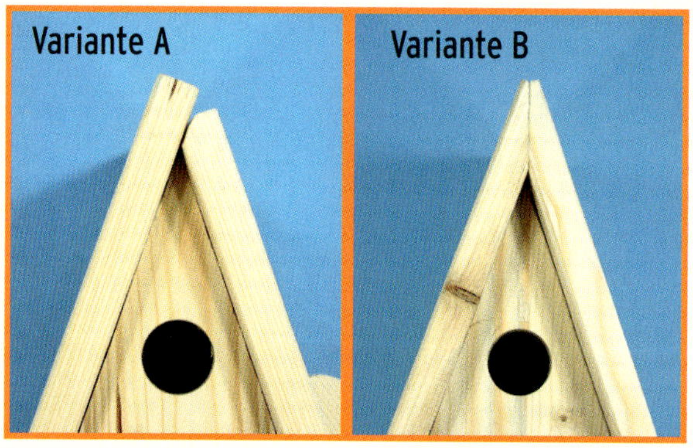

1 Alle Teile laut Sägeplan zusägen und vorbohren (Anleitung Seite 8, Schritt 1).

2 Die Nägel in die Bohrungen im Dachteil einschlagen, bis sie auf der Rückseite etwas herausschauen. Vorder- und Rückwand mit den vorgebohrten Löchern auf die Nagelspitzen setzen. Die Nägel ganz einschlagen.

zu 2

3 Den Boden mit nur zwei gegenüberliegenden Nägeln zwischen Vorder- und Rückwand befestigen. So kann der Nistkasten zur Reinigung geöffnet werden.

zu 3

4 Damit der Boden geschlossen bleibt, auf der Rückseite einen Nagel durch die Rückwand in den Boden einschlagen, diesen jedoch etwas herausschauen lassen. Zum Reinigen des Kastens kann der Nagel mit einer Zange herausgezogen werden.

zu 4

5 Den Nistkasten bemalen und aufhängen. (Anleitung Seite 8, Schritt 5, und Seite 15).

Bauskizze

- - - - Bohrungen

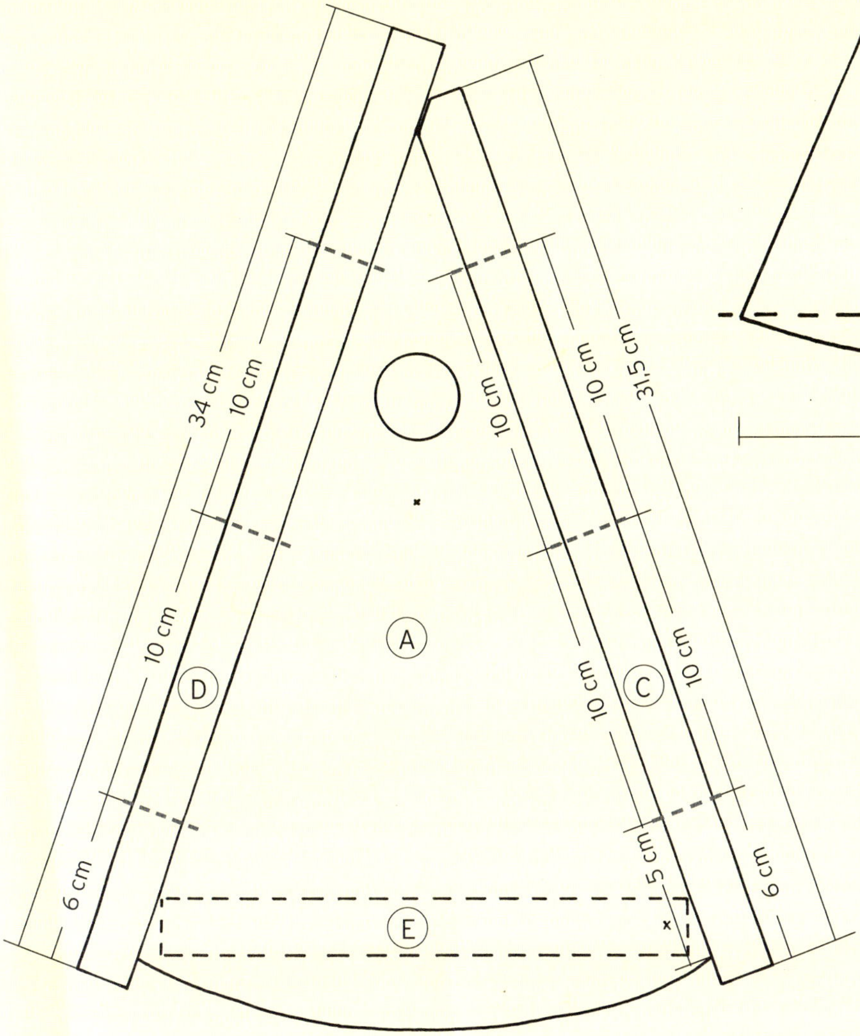

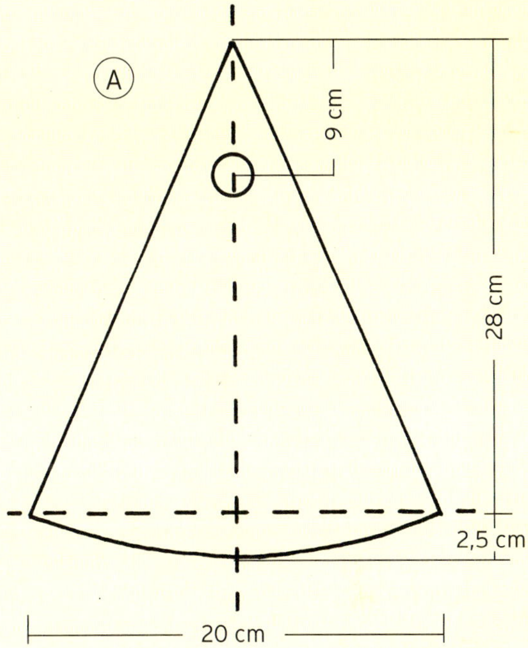

Hinweise

- Die Bohrungen im Dach mit 3 cm Abstand vom Rand ausführen.
- Bei veränderter Materialstärke muss bei der Giebelvariante B die Länge angepasst werden, sonst ändert sich nur der Dachüberabstand.

Sägeplan

| Für **Giebelvariante B** beide Dachteile: 36,5 cm

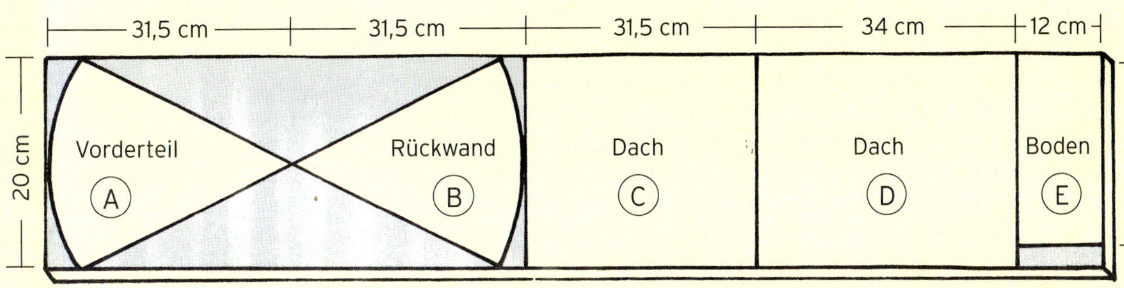

+ Sägeverlust = 143 cm (+8 cm bei Giebelvariante B)

Modell 4 Nistkastenturm mit Futterplatz

1 Alle Teile laut Sägeplan und Vorlage 21 zusägen und vorbohren (Anleitung Seite 8, Schritt 1).

2 Die Seitenteile und die Böden entsprechend der Skizzen auf den Seiten 13 und 14 miteinander verschrauben.

3 Das rückwärtige Teil A anbringen und das Klavierband an der Unterkante anschrauben. In das Teil B an der langen unteren Kante mittig einen 2 cm langen Einschnitt arbeiten und die kurze, gerade Kante am Klavierband befestigen. Den Schraubhaken mittig in die Kante des Bodens eindrehen, er wird zum Öffnen senkrecht in den Sägespalt von Teil B gedreht. Das Vorderteil anschrauben.

4 Die Dachteile zusammensetzen und die Ringschraube mittig auf der Dachinnenseite einschrauben. Das Dach mit gleichmäßigem Dachüberstand anbringen.

5 Den Nistkasten bemalen und aufhängen. (Anleitungen Seite 8, Schritt 5, und Seite 15).

zu 2

zu 3

zu 3

zu 4

3D-Skizze

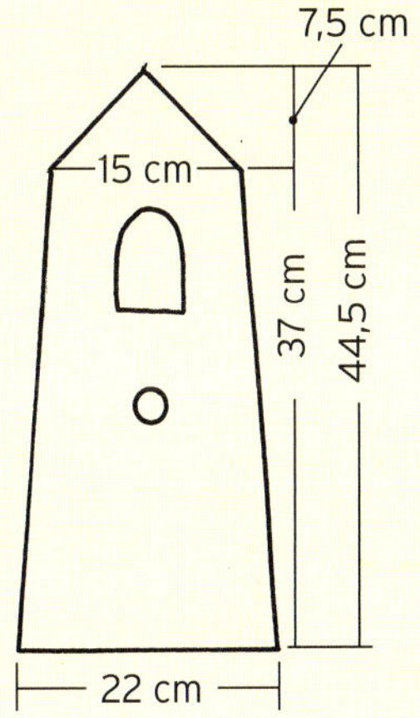

Hinweis

Bei veränderter Materialstärke muss das Breitenmaß der zwei Böden angepasst werden.

Sägeplan

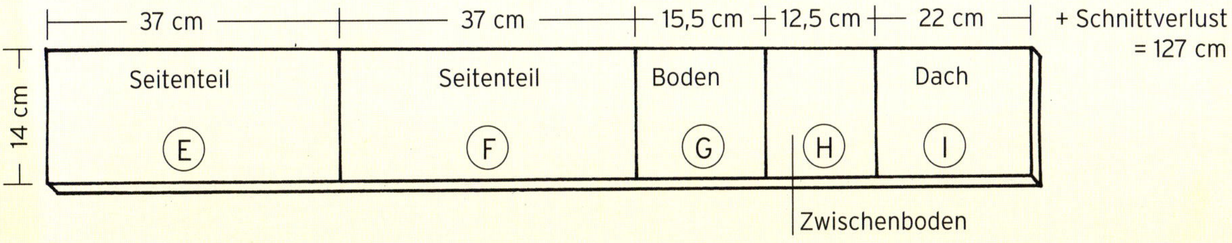

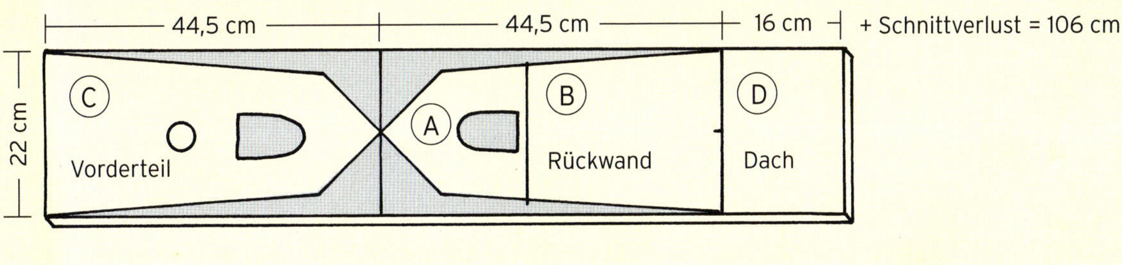

Bauskizze

Modell 4

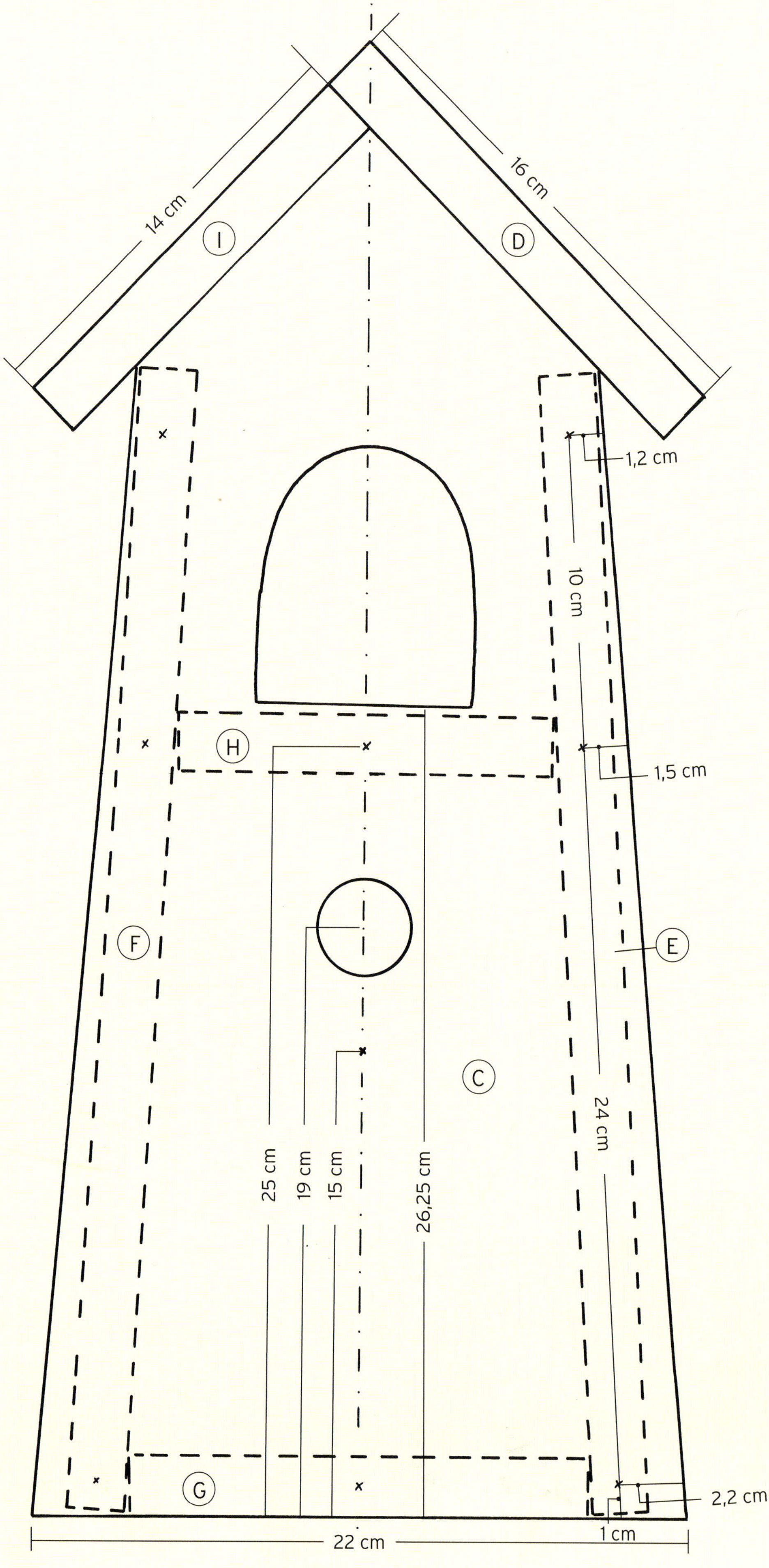

Nistkästen befestigen

Holzleiste (Abb. 1):

Die Holzleiste (möglichst Hartholz) an beiden Enden durchbohren und mittig auf die Rückseite des Nistkastens schrauben. Mit Aluminiumnägeln den Nistkasten am Baum annageln oder mit Schnur anbinden. Geeignet für die Nistkasten-Modelle 1, 2 und 5.

Material: Holzleiste, 2,4 x 4,8 cm, 50 cm; 2 Schrauben, 3,5 x 40 mm; Schnur oder 2 Alunägel

Abb. 1

Drahtaufhängung (Abb. 2):

In das Dach des Nistkastens auf jeder Seite mittig je eine Ringschraube einschrauben. Aus Bindedraht einen Bügel formen, ein Stück Gartenschlauch aufziehen und die Drahtenden an den Ringschrauben befestigen. Geeignet für alle Grundmodelle, außer dem großen Vogel (siehe Seite 38).

Material: 2 Ringschrauben, 2 x 12 mm; Bindedraht, 1,2 mm Ø, 60 cm; Gartenschlauch, 15 cm

Abb. 2

Vierkantholz aufstellen (Abb. 3):

Das Vierkantholz mit den Metallwinkeln am Boden des Nistkastens anschrauben. Das andere Ende im Boden verankern (z. B. eingraben). Geeignet für die Grundmodelle 1, 2 und 4.

Material: Vierkantholz, 4,5 x 7 cm, 200–250 cm; 2 Metallwinkel, 3 x 3 cm; 8 Schrauben, 3,5 x 25 mm

Abb. 3

Hinweis

Tipps zum Aufhängen und Aufstellen der Nistkästen finden Sie auf Seite 20.

Grafisches Design

1 Den Nistkasten nach der Grundanleitung auf Seite 8/9 zusägen und zusammenbauen (Modell 2). Das Dach in Türkis, die Seiten in zwei Grüntönen grundieren. Die Kreise mit einem Durchmesser von 9 cm aufmalen.

2 Die Spiralen (Vorlage 1) und die Pfeilspitzen (Vorlage 2) auf den Nistkasten übertragen und ausmalen. Mit Kreppklebeband die Streifen an Dach und Seiten abkleben und malen (Anleitung Seite 7). Die Befestigung für den Nistkasten anbringen.

Material

(Modell 2)

- Brett, 19 mm, 14 x 57 cm
- Brett, 19 mm, 20 x 75 cm
- 24 Nägel, verzinkt, 2 x 40 mm
- Acrylfarben in Maigrü Hellgrün, Flieder, Lila Türkis
- Zusätzliches Materia für die Befestigung siehe Seite 15

Tipps zum Nistkastenbau

- 20 mm dicke, ungehobelte Fichten- oder Tannenbretter sind ideal – die Materialstärke verhindert große Temperaturschwankungen im Innenraum, an dem rauen Holz können die Jungvögel besser zum Flugloch klettern. Die Bodenfläche sollte nicht weniger als 14 x 14 cm betragen.
- In den Boden zum Ablaufen von Feuchtigkeit 4 – 5 Löcher mit 5 mm Ø bohren.
- Das Einflugloch sollte sich etwa 17 cm über dem Boden befinden, um den natürlichen Feinden das Erreichen der Jungvögel zu erschweren.
- Bei rauem Holz ist eine Sitzstange nicht unbedingt erforderlich; ein kurzes, dünnes Rundholz erleichtert den Jungvögeln den Ausstieg (alles andere hilft auch den natürlichen Feinden).
- Schrauben oder Nägel dürfen nicht in den Innenraum ragen.
- Auf Holzschutzmittel oder Klarlack (schädliche Ausdünstungen) verzichten.

Vorlagen 1, 2, Seite 52

Mit Herzen

1 Den Nistkasten nach der Grundanleitung auf Seite 8/9 zusägen und zusammenbauen.

2 Das Dach und die Flächen für das Herz in Rosa, die übrigen Flächen in Orange grundieren.

3 Die Herzen nach der Vorlage 3 übertragen und aufmalen (Anleitung Seite 7).

4 Die Streifen mit Kreppklebeband abkleben und in Pink bemalen. Weiße Punkte als Akzente ergänzen. Die Befestigung für den Nistkasten anbringen.

Vorlage 3, Seite 52

Material

(Modell 2)

- Brett, 19 mm, 14 x 57 cm
- Brett, 19 mm, 20 x 75 cm
- 24 Nägel, verzinkt, 2 x 40 mm
- Holzlasur in Orange
- Acrylfarben in Weiß, Pink, Rot
- Zusätzliches Materia für die Befestigung siehe Seite 15

Naturnahe Gärten

Die in diesem Buch gezeigten Grundmodelle sind für Nischen- und Höhlenbrüter geeignet (siehe Seite 28). Die Vögel nehmen die Nistkästen jedoch nur an, wenn das Umfeld naturnah gestaltet und Futter vorhanden ist:

- Pflanzen Sie heimische Bäume und Sträucher, z. B. Haselnuss, Holunder, Schlehe, Hainbuche.
- Heimische Stauden oder eine wilde Blumenwiese bieten Vögeln viel Nahrung, z. B. Insekten und Körner. Lassen Sie die Samenstände bis zum Frühjahr stehen, z. B. Königskerze, Fetthenne, Fingerhut.
- Geschützte Verstecke für Vögel bieten vor allem heimische, dornige Sträucher.
- Bitte keine chemischen Pflanzenschutzmittel verwenden.
- Einen kleinen Teich anlegen oder eine Vogeltränke aufstellen (das Wasser regelmäßig wechseln).
- Eine kleine sandige Ecke oder eine Schale mit Sand in der Sonne aufstellen: Die Vögel nehmen gern ein Sandbad zur Gefiederpflege.
- Ein Todholzhaufen aus abgestorbenen und abgeschnittenen Ästen kann gleich mehrere Aufgaben erfüllen. Hier brüten Bodenbrüter. Außerdem finden sich hier viele Kleintiere als Nahrung. Zusätzlich bietet er auch dem Igel einen geeigneten Unterschlupf.

Blüten & Schmetterling

1 Den Nistkasten nach der Grundanleitung auf Seite 8/9 zusägen und zusammenbauen. Eine Bohrung für die Sitzstange mit 6 mm Ø ausführen.

2 Die Blüten und den Schmetterling (Vorlagen 4 – 6) auf das Holz übertragen (Anleitung Seite 6). Die Seitenwände hellgrün, das Dach dunkelgrün lasieren.

3 Die Blüten und Schmetterlinge in Gelb, Orange, Rot und Pink ausmalen. Farblich passende Mittelpunkte in die Blüten malen.

4 Die Sitzstange in die Bohrung stecken. Die Befestigung für den Nistkasten anbringen.

Material

(Modell 1)

- Brett, 19 mm, 14 x 67 cm
- Brett, 19 mm, 20 x 75 cm
- 24 Nägel, verzinkt, 2 x 40 mm
- Rundholz, 6 mm Ø, 5 cm
- Schraubhaken, 2,8 x 30 mm
- Acrylfarben in Gelb, Orange, Rot, Hellgrün Grün
- Zusätzliches Material für die Befestigung siehe Seite 15

Standorte für Nistkästen

- Die ausgesuchte Stelle sollte etwas abgelegen und ruhig sein, möglichst nicht direkt an der Terrasse.
- Eine Höhe von 1,70 bis 2 m ist ausreichend, so kann der Nistkasten mit einer einfachen Leiter zum Reinigen erreicht werden.
- Das Einflugloch sollte nach Osten zeigen (nicht zur Wetterseite – Westen) und frei angeflogen werden können.
- Ein halbschattiger Platz verhindert große Temperaturschwankungen.
- Nistkästen mit gleich großer Einflugöffnung im Abstand von etwa 10 m aufhängen (Ausnahme: Sperlinge, die auch in Kolonien brüten), unterschiedliche Modelle können etwas näher zusammenhängen.
- Halbhöhlen können auch an der Hausfassade, möglichst unter einem Dachüberstand, angebracht werden.
- Die Nistkästen am besten schon im Herbst aufhängen. Einige Vögel überwintern darin gern.

Vorlagen 4 – 6, Seite 52

Bed & Breakfast

1 Den Nistkasten nach der Grundanleitung auf Seite 8/9 zusägen und zusammenbauen. Eine Bohrung für die Sitzstange mit 6 mm Ø ausführen.

2 Aus dem Sperrholz das Schild, 6 x 18 cm, zusägen. Für den Dachanbau zwei Seitenteile nach Vorlage 7 und das kleine Dach, 10 x 11 cm, zusägen.

3 Die Seitenteile mit den langen Schenkeln 0,5 cm nach innen versetzt auf dem kleinen Dach befestigen (Abb. 1). Den Dachanbau mit dem kurzen Schenkel seitlich am Nistkasten anbringen (Abb. 2) und den Schraubhaken auf der Unterseite einschrauben.

4 Den Nistkasten gelb grundieren, die Dächer in Rot-Grün bemalen. Die Tulpen nach Vorlage 8 in Schablonentechnik (Anleitung Seite 7) aufmalen. Das Schild weiß bemalen und die Schrift mit dem Filzstift schreiben.

5 In das Blech mit einer alten Schere mittig ein Loch im Durchmesser des Einfluglochs schneiden. Die Ränder mit Schmirgelpapier entschärfen und das Blech mit den Stiftnägeln befestigen.

6 Die Sitzstange in die Bohrung stecken. Die Befestigung für den Nistkasten anbringen Die Futterkugel einhängen.

Material

(Modell 1)

- Sperrholz, 9 mm, 16 x 20 cm
- Brett, 19 mm, 14 x 67 cm
- Brett, 19 mm, 20 x 75 cm
- 26 Nägel, verzinkt, 2 x 40 mm
- 12 Stiftnägel, 0,9 x 13 mm
- Ringschraube, 2 x 12 mm
- Schraubhaken, 2,8 x 30 mm
- Rundholz, 6 mm Ø, 5 cm
- Acrylfarben in Weiß, Gelb, Rot, Grün
- Filzstift in Schwarz
- Alublech, 0,3 mm , 7 x 7 cm
- Futterkugel
- Zusätzliches Material für die Befestigung siehe Seite 15

Abb. 1

Abb. 2

Vorlagen 7 – 9, Seite 53

Sauna-Hütte

1 Die Einzelteile für den Nistkasten nach der Grundanleitung auf Seite 8/9 zusägen. Ebenso den Boden für den Anbau, 13 x 15 cm. Das Schild (Vorlage 10) und die Einzelteile für den Anbau (siehe Skizze) aus dem Sperrholz sägen.

2 Den Anbau laut Skizze mit den Stiftnägeln zusammensetzen. Nach Schritt 2 der Grundanleitung den Anbau von der Nistkasteninnenseite und außen durch die obere Spitze der Dreiecke mit Nägeln befestigen (siehe Arbeitsfoto).

3 Das Rundholz in ein 9-cm-Stück und zwei 15-cm-Stücke sägen und als Türrahmen auf der Vorderseite fixieren. Die Seitenwände braun, Dach und Türrahmen grün lasieren. Ein kleines Fenster aufmalen. Das Schild weiß grundieren und mit dem Filzstift beschriften.

4 Rindenstücke an den Seitenwänden annageln, das Schild an der Dachkante befestigen. Die Befestigung für den Nistkasten anbringen. Den Tonuntersetzer mit Wasser füllen und auf den Anbau stellen.

Material

(Modell 1)

- Sperrholz, 9 mm, 19 x 20 cm
- Brett, 19 mm, 14 x 82 cm
- Brett, 19 mm, 20 x 75 cm
- 30 Nägel, verzinkt, 2 x 40 mm
- 18 Stiftnägel, 0,9 x 13 mm
- Rundholz, 8 mm Ø, 40 cm
- Schraubhaken, 2,8 x 30 mm
- Holzlasur in Braun
- Acrylfarben in Weiß, Hellblau, Grün
- Filzstift in Schwarz
- Tontopf-Untersetzer, 13 cm Ø
- Baumrinde
- Zusätzliches Material für die Befestigung siehe Seite 15

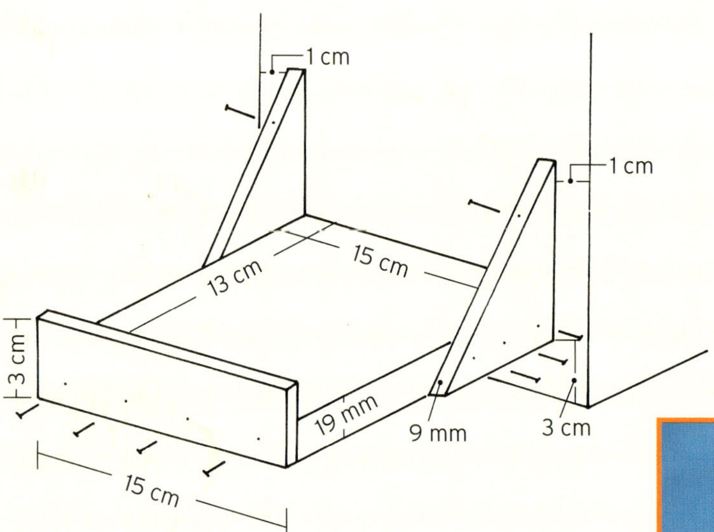

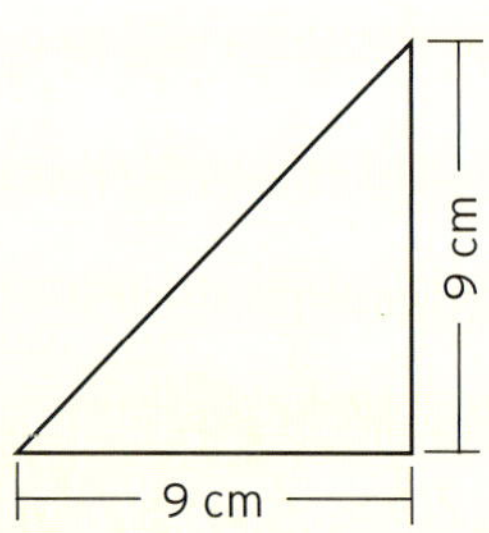

Vorlage 10, Seite 53

Bunte Vögel

1 Den Nistkasten nach der Grundanleitung auf Seite 10/11 zusägen und zusammenbauen. Eine Bohrung für die Sitzstange mit 6 mm Ø ausführen.

2 Das Dach dunkelblau, die Vorderwand hellblau grundieren. Nach der Vorlage 11 mehrere Vögel auf den Nistkasten übertragen und aufmalen (Anleitung Seite 6/7). Die Beine und das Gras ergänzen.

3 Mit einer alten Schere mittig in das Blech ein Loch im Durchmesser des Einfluglochs schneiden. Die Ränder mit Schmirgelpapier entschärfen. Die Außenkanten den Schrägen des Nistkastens anpassen und das Blech mit den kleinen Nägeln anbringen.

4 Den Streifen Dachpappe mit den Dachpappenstiften über dem First fixieren (siehe Seite 32). Die Sitzstange in die Bohrung stecken. Die Befestigung für den Nistkasten anbringen.

Vorlage 11, Seite 52

Material

(Modell 3)

- Brett, 19 mm, 20 x 143 cm (für Giebel B: 151 cm)
- 15 Nägel, verzinkt, 2 x 40 mm
- Rundholz, 6 mm Ø, 5 c
- Dachpappe, 10 x 18 cm
- Dachpappenstifte, 2 x 20 mm
- Alublech, 0,3 mm, genarbt, 6 x 8 cm
- 4 Stiftnägel, 0,9 x 13 m
- Acrylfarben in Gelb, Orange, Grün, Hellblau, Blau
- Zusätzliches Material für die Befestigung siehe Seite 15

Das Einflugloch

Die Größe des Einflogloches entscheidet darüber, welche Vogelart in den Nistkasten einzieht.

Vollhöhlen für Höhlenbrüter:

- 28 mm Ø: Kleinmeisen, wie Blau-, Tannen-, Weiden- und Haubenmeisen
- 32 mm Ø: Kohlmeise, Kleiber, Haus- oder Feldsperling
- 32 x 48 mm (oval): Gartenrotschwanz (braucht mehr Licht)
- 45 mm Ø: Stare

Halbhöhlen für Nischenbrüter:

- Hausrotschwanz, Bachstelze, Grauschnäpper

Tipp

Damit größere Vögel oder Nesträuber das Einflugloch nicht vergrößern können, ein Aluminiumblech, 0,3 mm stark, vor das Einflugloch setzen. Das Blech ist im Fachhandel für Modellbau erhältlich.

Farbige Blüten

1 Den Nistkasten nach der Grundanleitung auf Seite 10/11 zusägen und zusammenbauen. Eine Bohrung für die Sitzstange mit 6 mm Ø ausführen.

2 Aus den Holzresten die Blüten nach den Vorlagen 12 - 14 aussägen und vorbohren. Die Blütenhälften mit Nägeln auf dem Dach befestigen.

3 Das Dach in Lemonfarben, die Vorderwand gelb grundieren. Die Blüte (Vorlage 12) übertragen und aufmalen. Die aufgesetzten Blüten auf der Vorderwand mit Farbe zur kompletten Blüte ergänzen.

4 Die kleine Blüte am First befestigen. Den Streifen Dachpappe mit den Dachpappenstiften über dem First fixieren (siehe Seite 32) und die Sitzstange in die Bohrung stecken. Die Befestigung für den Nistkasten anbringen.

Material

(Modell 3)

- Brett, 19 mm, 20 x 143 cm (für Giebel B: 151 cm)
- 20 Nägel, verzinkt, 2 x 40 mm
- Rundholz, 6 mm Ø, 5 c
- Dachpappe, 10 x 18 cm
- Dachpappenstifte, 2 x 20 mm
- Acrylfarben in Gelb, Lemon, Orange, Rot, Pink
- Zusätzliches Material für die Befestigung siehe Seite 15

Terrassenfenster sichern

- Große Terrassenfenster oder Glasfassaden werden von Vögeln oft nicht erkannt, da sie Blumen und Büsche spiegeln. Die Vögel fliegen dann davor und verletzen sich schwer.
- Ungünstig ist auch getöntes Glas, denn es reflektiert die Umgebung besonders stark.
- Aufkleber in Form von Greifvogelsilhouetten, Blumenampeln oder Perlenschnüre, die von außen an der Scheibe angebracht sind, lassen die Vögel das Hindernis besser erkennen.

Vorlagen 12 – 14, Seite 52

Filigrane Ranken

1 Den Nistkasten nach der Grundanleitung auf den Seiten 12 – 14 zusägen und zusammenbauen. Eine Bohrung für die Sitzstange mit 6 mm Ø ausführen.

2 Das Dach orange, die Seitenwände weiß grundieren. Die Karokante an Seitenwänden und Dach aufmalen. Ein Karo misst etwa 1,5 x 2 cm (Anleitung Seite 7).

3 Die Blüten (Vorlagen 15 und 16) auf den Nistkasten übertragen und in Pink ausmalen, mit Linien und Blättern (Vorlagen 17 und 18) zur Ranke vervollständigen.

4 Nach dem Trocknen der Farben die Dachpappe über dem First anbringen (siehe Seite 32) und die Sitzstange in die Bohrung stecken. Die Befestigung für den Nistkasten anbringen. Die Futterkugel im Turm einhängen.

Vorlagen 15 – 18, Seite 53

Hilflose Jungvögel

- Wer scheinbar hilflose Jungvögel außerhalb des Nestes findet, sollte diese zunächst einige Zeit beobachten.
- Viele Jungvögel verlassen das Nest, bevor sie flugfähig sind, und werden von ihren Eltern am Boden weiter gefüttert.
- Erst wenn der Jungvogel zweifelsfrei nicht mehr versorgt wird oder verletzt ist, sollten Sie eingreifen, denn auch bei fachgerechter Versorgung sind die Überlebenschancen geringer als in der Natur.
- Wenden Sie sich an eine NABU-Gruppe, eine Vogelpflegestation, die Untere Naturschutzbehörde oder auch an einen Tierarzt.

Material

(Modell 4)

- Brett, 19 mm, 14 x 127 cm
- Brett, 19 mm, 22 x 106 cm
- 35 Nägel, verzinkt, 2 x 40 mm
- Klavierband, 17 cm
- 6 Schrauben, 2 x 17 m
- Rundholz, 6 mm Ø, 5
- Schraubhaken, 2,8 x 30 mm
- Ringschraube, 2 x 12
- Dachpappe, 14 x 24 c
- Dachpappenstifte, 2 x 20 mm
- Acrylfarben in Weiß, Orange, Pink
- Futterkugel
- Zusätzliches Material für die Befestigung siehe Seite 15

Blauer Turm

1 Den Nistkasten nach der Grundanleitung auf den Seiten 12 - 14 zusägen und zusammenbauen. Eine Bohrung für die Sitzstange mit 6 mm Ø ausführen.

2 Die Fenster (Vorlagen 19, 20) aufmalen. Das Dach dunkelblau, die Seitenwände hellblau grundieren. Die Tür (Vorlage 21) und die Blütenranke (Vorlage 22) auf den Nistkasten übertragen und aufmalen.

3 Nach dem Trocknen der Farben ein Stück Dachpappe, 14 x 24 cm, mit Dachpappenstiften über dem First anbringen. Die überstehenden Ränder herunterbiegen und fixieren (siehe Arbeitsfoto).

4 Die Sitzstange in die Bohrung stecken. Die Befestigung für den Nistkasten anbringen. Die Futterkugel im Turm einhängen.

Vorlagen 19 - 22, Seite 53

Material

(Modell 4)

- Brett, 19 mm, 14 x 127 cm
- Brett, 19 mm, 22 x 106 cm
- 35 Schrauben, 3,5 x 40 mm
- Klavierband, 17 cm
- 6 Schrauben, 2 x 17 m
- Schraubhaken, 2,8 x 30 mm
- Ringschraube, 2 x 12
- Dachpappe, 14 x 24 c
- Dachpappenstifte, 2 x 20 mm
- Acrylfarben in Weiß, Gelb, Rot, Hellgrün, Hellblau, Blau
- Futterkugel
- Zusätzliches Material für die Befestigung siehe Seite 15

Rauten & Punkte

1 Nach der Grundanleitung auf den Seiten 12 - 14 den Nistkasten zusägen und zusammenbauen. Eine Bohrung für die Sitzstange mit 6 mm Ø ausführen.

2 Das Dach in Pink, die Seitenwände je zur Hälfte in einem der Grüntöne grundieren. Die grafischen Muster nach den Vorlagen 23 und 24 in Schablonentechnik (Anleitung Seite 7) aufmalen.

3 Nach dem Trocknen der Farben ein Stück Dachpappe, 14 x 24 cm, mit Dachpappenstiften über dem First anbringen (siehe Arbeitsfoto Seite 32).

4 Mit einer alten Schere mittig in das Blech ein Loch im Durchmesser des Einfluglochs schneiden. Die Ränder mit Schmirgelpapier entschärfen und das Blech mit Stiftnägeln befestigen.

5 Die Sitzstange in die Bohrung stecken. Die Befestigung für den Nistkasten anbringen. Die Futterkugel im Turm einhängen.

Vorlagen 23, 24, Seite 53

Material

(Modell 4)

- Brett, 19 mm, 14 x 127 cm
- Brett, 19 mm, 22 x 106 cm
- 35 Schrauben, 3,5 x 40 mm
- Klavierband, 17 cm
- 6 Schrauben, 2 x 17 m
- Rundholz, 6 mm Ø, 5 cm
- Schraubhaken, 2,8 x 30 mm
- Ringschraube, 2 x 12 mm
- Dachpappe, 14 x 24 c
- Dachpappenstifte, 2 x 20 mm
- 4 Stiftnägel, 0,9 x 13
- Alublech, 0,3 mm, 7 x 7 cm
- Acrylfarben in Hellgr Grün, Pink, Blau
- Futterkugel
- Zusätzliches Materia für die Befestigung siehe Seite 15

Die Nistkastenreinigung

- Nach jeder Brutsaison den Nistkasten im Herbst reinigen. Die Vögel benutzen alte Nester nicht wieder, sondern setzen ein neues darauf (dann ist der Kasten bald voll). Außerdem können verbleibende Parasiten die folgende Brut schädigen.
- Nehmen Sie den Kasten ab oder stellen Sie die Leiter so, dass Sie seitlich, oberhalb des Kastens stehen (Nestreste fallen dann nicht auf Sie herab).
- Das alte Nest herausnehmen und eventuell anhaftende Reste mit einer Bürste entfernen (keine Reinigungsmittel verwenden).
- Die Lüftungslöcher im Boden mit einem Holzstäbchen frei machen.
- Den Kasten auf „Bauschäden" überprüfen, besonders die Halterung für die Befestigung am Baum kontrollieren, wenn nötig, ausbessern.

Auto in Orange

Modell 5

Runder Kasten

1 Alle Teile laut Sägeplan (Seite 59) und Vorlage 25 zusägen und vorbohren (Anleitung Seite 8, Schritt 1).

2 Die Holzleisten in 18-cm-Stücke sägen. Zunächst die Seitenteile mit je einer Leiste an der Unterkante bündig mit Schrauben verbinden (Abb.1).

3 Die nächsten Leistenstücke mit Nägeln befestigen. Bevor das Dach ganz geschlossen ist (Öffnung zum Durchgreifen) den Boden mit nur zwei gegenüberliegenden Nägeln zwischen den Seitenteilen befestigen (Abb. 2).

Anleitung Auto

1 Nach der Grundanleitung links den Nistkasten zusägen und zusammenbauen. Einen Leistenrest als Griff an der Bodenunterseite anbringen und den Schraubhaken als Verschluss in der Kante des Seitenteils einschrauben.

2 Aus dem Sperrholz die Kotflügel (Vorlagen 26, 27) zusägen. Das Rundholz mit zwei Nägeln quer unter dem Einflugloch befestigen. Alle Teile bemalen.

3 Die Dachpappe über die gesamte Rundung legen und mit den Dachpappenstiften fixieren. Die Kanten umlegen und befestigen.

4 Die Kotflügel mit je zwei kleinen Nägeln fixieren. Die Befestigung für den Nistkasten anbringen.

Material

(Modell 5)

- Sperrholz, 8 mm, 16 x 26 cm
- Brett, 19 mm, 32 x 60 cm
- Holzleiste, 2 x 2 cm, 540 cm (30 Stücke je 18 cm)
- Rundholz, 6 mm Ø, 5
- 4 Schrauben, 3,5 x 40 mm
- 62 Nägel, verzinkt, 2 x 40 mm
- Schraubhaken, 2,8 x 30 mm
- 6 Stiftnägel, 0,9 x 13
- Dachpappe, 24 x 68
- Dachpappenstifte, 2 x 20 mm
- Acrylfarben in Weiß, Gelb, Orange, Hellbla Silber, Schwarz
- Zusätzliches Materia für die Befestigung siehe Seite 15

Abb. 1

Abb. 2

Vorlagen 25 – 27, Seiten 56 und 57

Farbenfroher Vogel

1 Den Nistkasten nach der Grundanleitung auf Seite 36 zusägen und zusammenbauen. Die Einzelteile nach den Vorlagen 25 und 28 - 30 aussägen. Eine Bohrung für die Sitzstange mit 6 mm Ø ausführen.

2 Den Schnabel von der Innenseite her durch die Leisten anschrauben. Mit der Dachpappe den eingesetzten Boden (hier als Deckel) und den Rand ringsherum abdecken und nur auf der „Scharnierseite" befestigen.

3 Den Schwanz so von innen durch Boden und Dachpappe anschrauben, dass er etwa 1 cm auf dem Rand aufliegt, der Boden klappt so nicht nach innen rein (siehe Arbeitsfoto).

4 Den Vogel und die Füße bemalen. Das Rundholz in die Bohrung stecken. Die Ringschrauben am Bauch des Vogels einschrauben.

5 Den Bindedraht in zwei Stücke schneiden, um einen Stift zu Spiralen wickeln und je ein Ende an den Ringschrauben befestigen. Die anderen Enden an den Bohrungen der Füße fixieren. Die Befestigung für den Nistkasten anbringen.

Tipp
Im Winter die Vogelfüße gegen Meisenknödel austauschen.

Material

(Modell 5)

- Brett, 19 mm, 32 x 70 cm
- Holzleiste, 2 x 2 cm, 540 cm (30 Stücke je 18 cm)
- Rundholz, 6 mm Ø, 5
- 8 Schrauben, 3,5 x 40 mm
- 60 Nägel, verzinkt, 2 x 40 mm
- Dachpappe, 19 x 37 cm
- Dachpappenstifte, 2 x 20 mm
- 2 Ringschrauben, 2 x 12 mm
- Acrylfarben in Gelb, Rot, Hellgrün, Blau
- Bindedraht, 1,2 mm Ø 30 cm
- Zusätzliches Material für die Befestigung siehe Seite 15

Vorlagen 25, 28 – 30, Seiten 54, 56 und 57

Schneemann

1 Nach Vorlage 31 den Schneemann auf das Sperrholz übertragen und aussägen. Die Kanten mit Schmirgelpapier glätten. Den Schneemann laut Vorlage und Foto bemalen.

Vorlage 31, Seite 55

2 Eine Ringschraube oben am Kopf eindrehen, die zweite am Bauch. Den Meisenknödel an der Ringschraube einhängen und den Schneemann mit Paketschnur aufhängen.

Material

- Sperrholz, 15 mm, 16 x 27 cm
- 2 Ringschrauben, 2 x 12 mm
- Acrylfarben in Weiß, Orange, Grün, Hellblau, Schwarz
- Paketschnur
- Meisenknödel

Die Winterfütterung

- Füttern Sie nur bei Frost oder geschlossener Schneedecke.
- Die Vögel sollten nicht im Futter herumlaufen können, um es nicht mit Kot zu verschmutzen.
- Loses Körnerfutter darf nicht nass werden, da es sonst verdirbt.
- Die Futterstelle an einer für die Vögel überschaubaren, freien Stelle aufstellen - anschleichende Katzen werden so früh bemerkt.
- Die Futterbrettchen regelmäßig reinigen.
- Stellen oder hängen Sie an mehreren Plätzen Futter auf, da an einer einzigen Futterstelle die etwas zarteren Vögel, wie Zaunkönig, Rotkehlchen und Kleinmeisen, den kräftigeren Vögeln weichen müssen.
- Für Vögel, die ihr Futter eher am Boden suchen und auch nicht gerne an ein Futtersilo fliegen, kann eine Futterstelle auf einem Gartentisch oder einem Holzbrett angeboten werden.

Streufutter-Silo

1 Alle Teile laut Sägeplan und Skizze (Seite 59) sowie Vorlage 32 zuschneiden. Die Dreiecke (Vorlage 33) aus dem Sperrholz sägen. Alle Bohrungen laut Skizzen ausführen. Die Holzleiste in 4-cm-Stücke sägen.

2 Die vier Leistenstücke im oberen Bereich mittig auf Vorder-, Rück-, und Seitenwänden anbringen und das Silo laut Skizze zusammenbauen (Abb. 1).

3 Zwei gegenüberliegende Leistenstücke von oben mittig durchbohren. Aus dem Draht einen Ring um den Flaschenhals biegen.

4 Zwei 25-cm-Drahtstücke mit je einem Ende an dem Drahtring befestigen, die anderen Enden durch die Bohrungen der Leistenstücke fädeln und umbiegen.

5 Die Flasche einhängen und so ausrichten, dass sie mit der Öffnung etwa 1 – 1,5 cm über dem Boden hängt (Abb. 2). Zum Weiterbau die Flasche herausnehmen.

6 Das Dach nach der Anleitung auf Seite 48 (Nisthilfe) arbeiten. Das Futtersilo der Abbildung entsprechend bemalen. Den Baum nach Vorlage 34 in Schablonentechnik malen (Anleitung Seite 7), das Fenster (Vorlage 20) aufmalen.

7 Die Flasche mit Futter füllen, in das Haus hängen und das Dach befestigen.

Material

- Sperrholz, 9 mm, 5 x 14 cm
- Brett, 19 mm, 15 x 162 cm
- Holzleiste, 2 x 2 cm, 16 cm
- 2 Schrauben, 3,5 x 25 mm
- 24 Nägel, verzinkt, 2 x 40 mm
- Bindedraht, 1,2 mm Ø 80 cm
- Glasflasche mit schrä laufendem Flaschenh 7 cm Ø, etwa 20 - 24 hoch
- Acrylfarben in Weiß, Gelb, Hellblau, Rot, G
- Streufutter

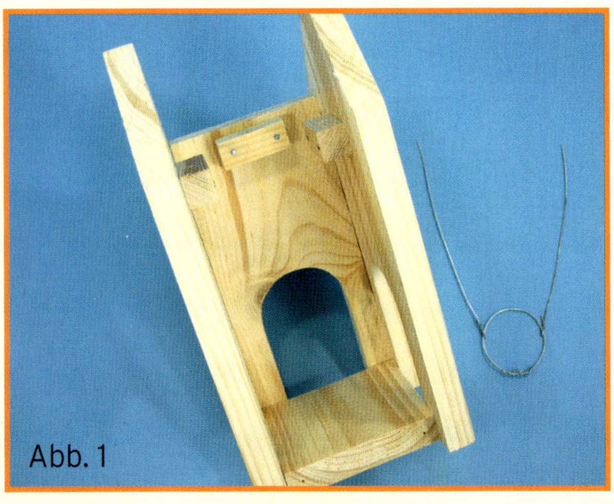
Abb. 1

Abb. 2

Vorlagen 20, 32 – 34, Seiten 53 und 54

„Durchgehend geöffnet“

1 Die Holzteile nach dem Sägeplan (Seite 60) und der Vorlage 35 zuschneiden. Die Blüte mit den Dübeln auf der Schräge des langen Bretts anbringen. Das andere Ende mit Dübeln und Winkeln auf der Bodenplatte befestigen (Abb.1).

2 Die Bohrung für den Flaschenhals je nach vorhandener Flasche laut Montage-Skizze (Seite 60) ausführen und den Rahmen um das Brett, 14,5 x 14 cm, mit Stiftnägeln fixieren.

3 Die Brettchen mit Schrauben von der Rückseite durch das senkrecht stehende Brett anschrauben. Dabei darauf achten, dass die Öffnung der eingehängten Flasche 1 - 1,5 cm über dem Futterbrett hängt (Abb. 2).

4 Die Dreiecke als Stützen darunter setzen. Zwei Bohrungen im oberen Bereich des senkrechten Bretts für die Drahthalterung der Falsche ausführen.

5 Die Futterstation bemalen. Das Schild weiß grundieren, den Text mit dem Filzstift schreiben und mit einem Nagel befestigen.

Vorlage 35, Seite 58

6 Die Flasche mit Futter füllen, in die Halterung hängen, den Draht durch die Bohrungen ziehen und um die Flasche binden. Die Tonschale mit Wasser füllen und auf den Anbau stellen.

Abb. 1

Abb. 2

Tipps

- Für einen sicheren Stand die Bodenplatte mit Steinen beschweren.
- Unter das Futterbrett zusätzlich Ringschrauben für Futterkugeln eindrehen.

Material

- Sperrholz, 6 mm, 21 x 22 cm
- Sperrholz, 15 mm, 26 x 75 cm
- Brett, 20 mm, 15 x 230 cm
- 4 Holzdübel, 8 mm Ø
- 8 Schrauben, verzinkt 3,5 x 40 mm
- 7 Stiftnägel, 0,9 x 13 m
- 2 Metallwinkel, 3 x 3 c
- 8 Schrauben, 3 x 16 m
- Bindedraht, 1,2 mm Ø, 60 cm
- Acrylfarben in Weiß, Gelb, Rot, Grün
- Filzstift in Schwarz
- Glasflasche mit schrägem, engem Ha
- Streufutter
- Tonschale, 14 cm Ø, 6 cm hoch

DURCHGEHEND
GEÖFFNET

Freundliche Katze

1 Die Vorlagen 36 (Katzenkopf) und 37 (Katzenkörper) auf das Sperrholz übertragen, aussägen und bemalen. Nach dem Trocknen der Farben den Kopf auf den Körper leimen. Die Ringschraube hinter dem Kopf in den Körper eindrehen.

2 Das Blech in zwei Streifen, 10 x 42 cm, schneiden und jeden Streifen 2 cm breit zur Ziehharmonika falten. Ein Blech zum Halbkreis auffächern und Anfang und Ende dicht beieinander mit den Heftzwecken über dem Kopf am Körper befestigen (siehe Arbeitsfoto).

Vorlagen 36, 37, Seiten 56 und 57

3 Das zweite Blech in gleicher Weise auf der Rückseite anbringen. Den Meisenknödel mit einem Stück Schnur an die Ringschraube hängen.

Material

- Sperrholz, 15 mm, 21 x 30 cm
- Alublech, 0,2 mm, 20 x 42 cm
- Ringschraube, 2 x 12 mm
- 4 Heftzwecken
- Acrylfarben in Weiß, Rosa, Orange, Schwa
- Meisenknödel
- Paketschnur
- Holzleim

Der Vogel-Speiseplan

- Finken, Sperlinge: Sonnenblumenkerne, Hanf, handelsübliche Freilandmischung.
- Rotkehlchen, Heckenbraunelle, Zaunkönig, Meisen und Amseln: feinere Sämereien, Mohn, Kleie, Haferflocken, Rosinen, Obst, Fettfutter (Knödel, Ringe – hier ist das Futter durch das Fett auch vor Feuchtigkeit geschützt).
- Nicht alle Vögel stellen sich im Winter auf vegetarische Kost um, für diese Arten bietet eine Schicht Herbstlaub unter dichten oder immergrünen Sträuchern (hier bleibt der Boden lange schneefrei) ein gutes Angebot an Kleinlebewesen.
- Absolut ungeeignet sind gesalzene Nahrungsmittel, z. B. Wurst, Speck, Salzkartoffeln und Brot!

Lustige Hühner

1 Alle Teile laut Sägeplan und Skizze (Seite 61) zuschneiden. Die Dreiecke (Vorlage 33) aus dem Sperrholz sägen. Die Bohrungen laut Skizze ausführen. Die beiden Böden zwischen Vorder- und Rückwand befestigen (Abb. 1).

2 Die Dachteile zusammensetzen (siehe Skizze) und die Dreiecke mit einem Abstand von 15,8 cm (Maß verändert sich bei anderer Materialstärke) zueinander im Dachwinkel anbringen (Abb. 2). Alle Teile laut Foto bemalen. Die Hühner nach den Vorlagen 38 und 39 versetzt und leicht überlappend auf das Holz übertragen und ausmalen.

3 Nach dem Trocknen der Farben das Blech über den Dachfirst legen und mit Dachpappenstiften befestigen. Die Ränder umbiegen und ebenfalls fixieren.

4 Holzwolle in den Giebelraum (Abb. 3) füllen, das Dach aufsetzen und Schrauben durch die Giebeldreiecke bis in die Vorder- bzw. Rückwand eindrehen. Das Stück Gartenschlauch auf den Draht ziehen, diesen zu einem Bügel formen und die Enden um die Schrauben der Giebeldreiecke winden (Abb. 4). Das übrige Füllmaterial auf 15-cm-Stücke zuschneiden und in die Nisthilfe einlegen.

Vorlagen 33, 38, 39, Seiten 54 und 55

Material

- Sperrholz, 9 mm, 5 x 14 cm
- Brett, 19 mm, 15 x 128 cm
- 2 Schrauben, 3,5 x 25 mm
- 15 Nägel, verzinkt, 2 x 40 mm
- 4 Stiftnägel, 0,9 x 13
- Bindedraht, 1,2 mm Ø, 60 cm
- Gartenschlauch, 15 c
- Acrylfarben in Weiß, Gelb, Orange, Rot, Hellblau, Blau
- Alublech, genarbt, 0,3 mm, 11 x 24 cm
- Dachpappenstifte

Zum Füllen:

- Holzwolle
- Bambus
- Schilf
- Angebohrte Äste

Abb. 1

Abb. 2

Abb. 3

Abb. 4

Große Blüte

1 Das Brett mit 15 cm Breite in zwei 14,5-cm-Stücke und zwei 19-cm-Stücke sägen. Die Abschnitte laut Vorlage 40 zu einem Rahmen zusammensetzen.

2 Auf das zweite Brett zweimal die Blüte (Vorlage 40) übertragen und aussägen. Die Blüten auf beiden Seiten vor der Rahmenöffnung befestigen.

3 Die Ringschrauben auf der Oberseite des Rahmens mittig eindrehen. Das Gartenschlauchstück auf den Draht ziehen, diesen zum Bügel formen und die Enden an den Ringschrauben befestigen.

4 Die Blüten und den Rahmen bemalen. Das Füllmaterial auf 14 cm Länge schneiden und engliegend einstapeln.

Tipp

Vanilleschoten zum Backen sind in Glasröhrchen verpackt. Solche Glasröhrchen zwischen die Füllung der Nisthilfe stecken, so kann die Entwicklung eines Bewohners beobachtet werden.

Material

- Brett, 19 mm, 15 x 70 cm
- Brett, 19 mm, 28 x 60 cm
- 24 Nägel, verzinkt, 2 x 40 mm
- 2 Ringschrauben, 2 x 12 mm
- Bindedraht, 1,2 mm 60 cm
- Gartenschlauch, 15 c
- Acrylfarben in Pink,
- Holzlasur in Grün

Füllung:

- Schilf
- Bambus
- Angebohrte Äste

Nisthilfen für Insekten

- Solitäre Bienen und Wespen (Hautflügler) bauen keine Wabennester, sondern legen ihre Brut an totem Holz oder in der Erde ab, geben etwas Vorrat dazu und verschließen das Brutnest dann.
- Die oberirdisch nistenden Arten benötigen Röhren, deren Hohlräume einen Durchmesser von 0,3 bis 1 cm und eine Länge von 5 - 10 cm haben. Diese sollten waagerecht liegen. Besonders geeignet ist Bambus und Schilfrohr, aber auch Lochsteine oder angebohrtes Hartholz werden angenommen.
- Nur zwei der acht bei uns vorkommenden Wespenarten werden uns gelegentlich lästig, weil sie es gern süß mögen.
- Florfliegen, Ohrwürmern und Marienkäfern kann man mit einer Behausung, die mit Holzwolle ausgefüllt wird, helfen.
- Die Nisthilfen an einem sonnigen Platz aufhängen.

Vorlage 40, Seite 58

Vorlagen

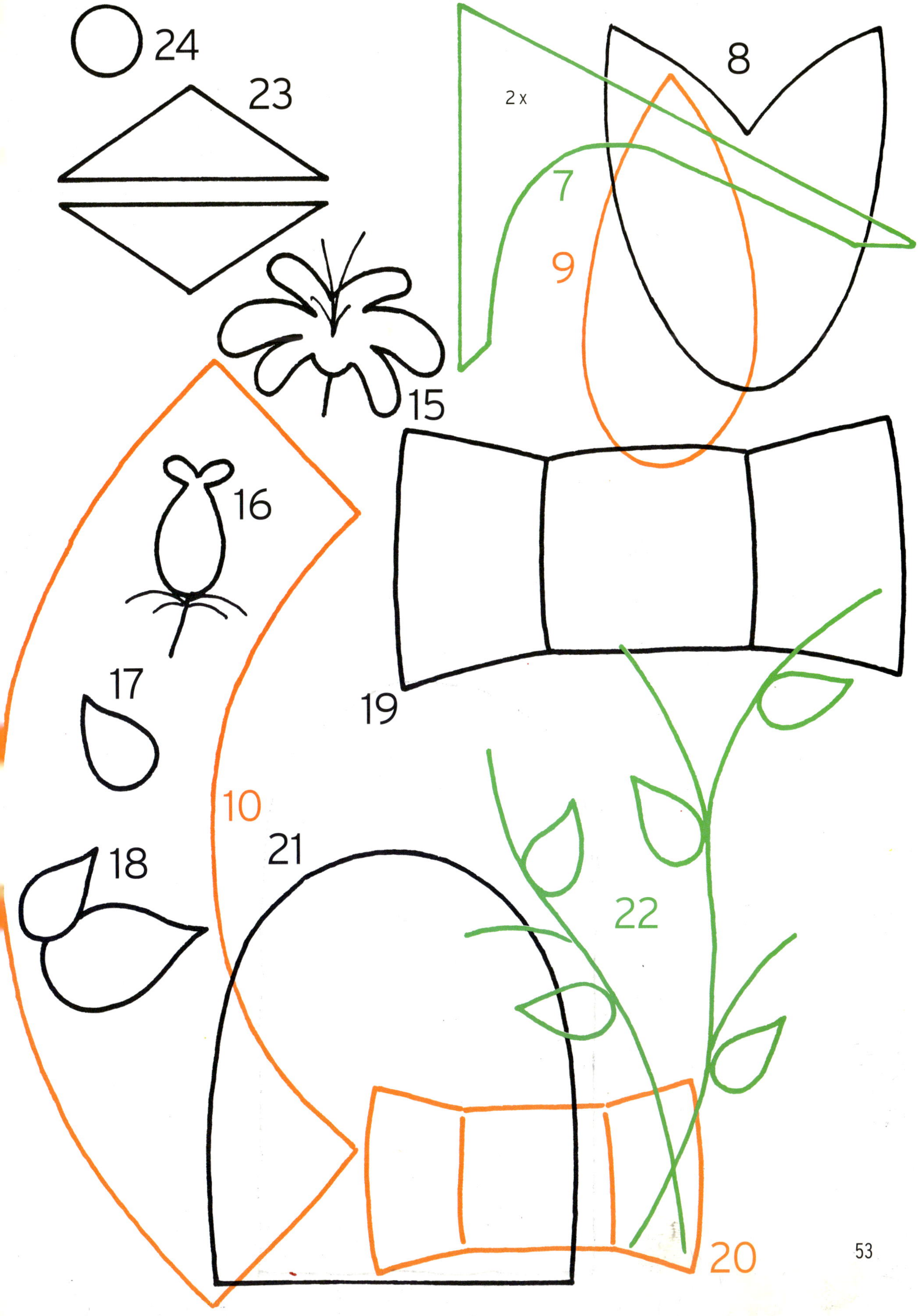
24
23
2 x
8
7
9
15
16
10
17
19
18
21
22
20

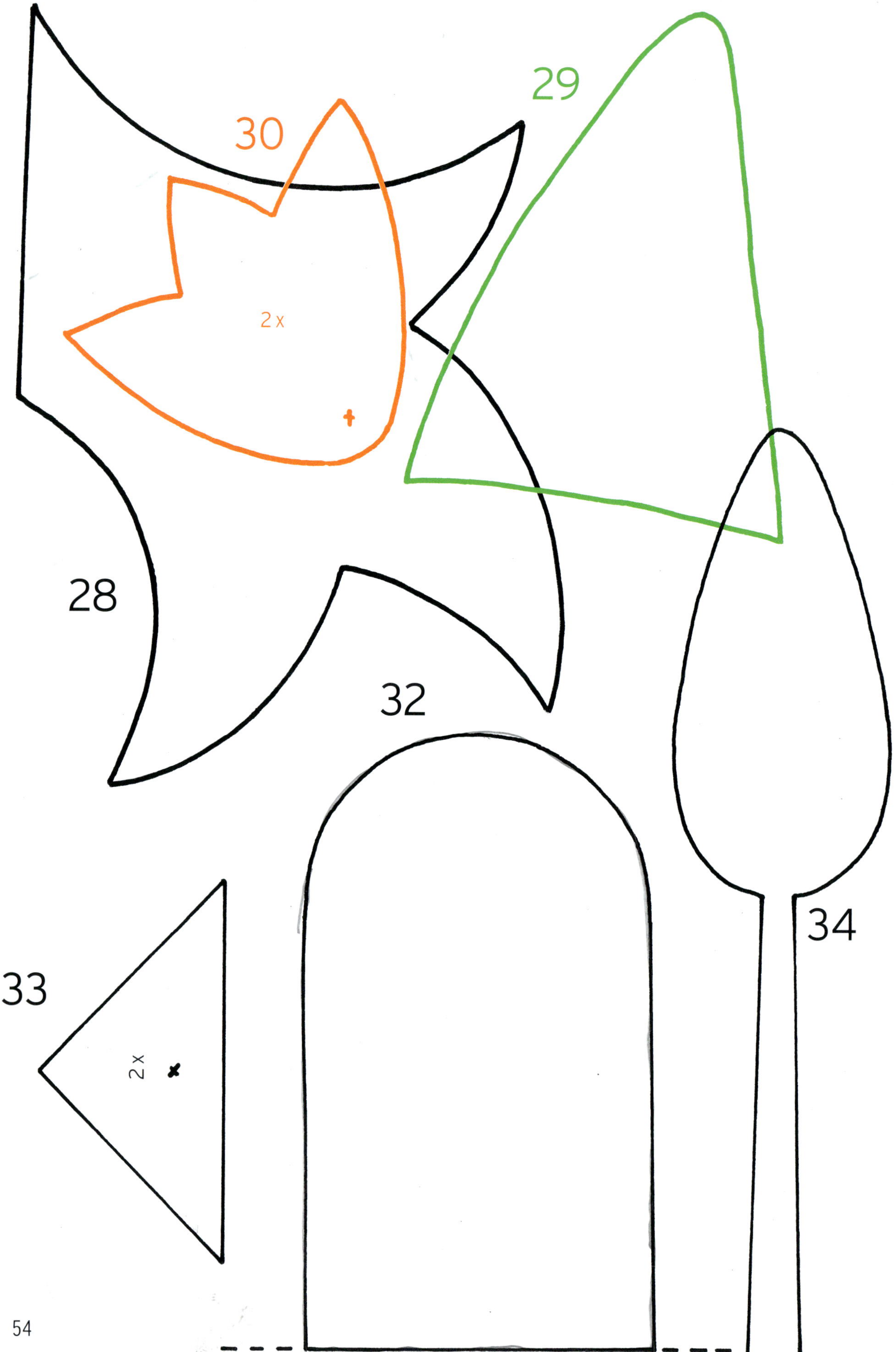
29
30
2 x
28
32
34
33
2 x

38

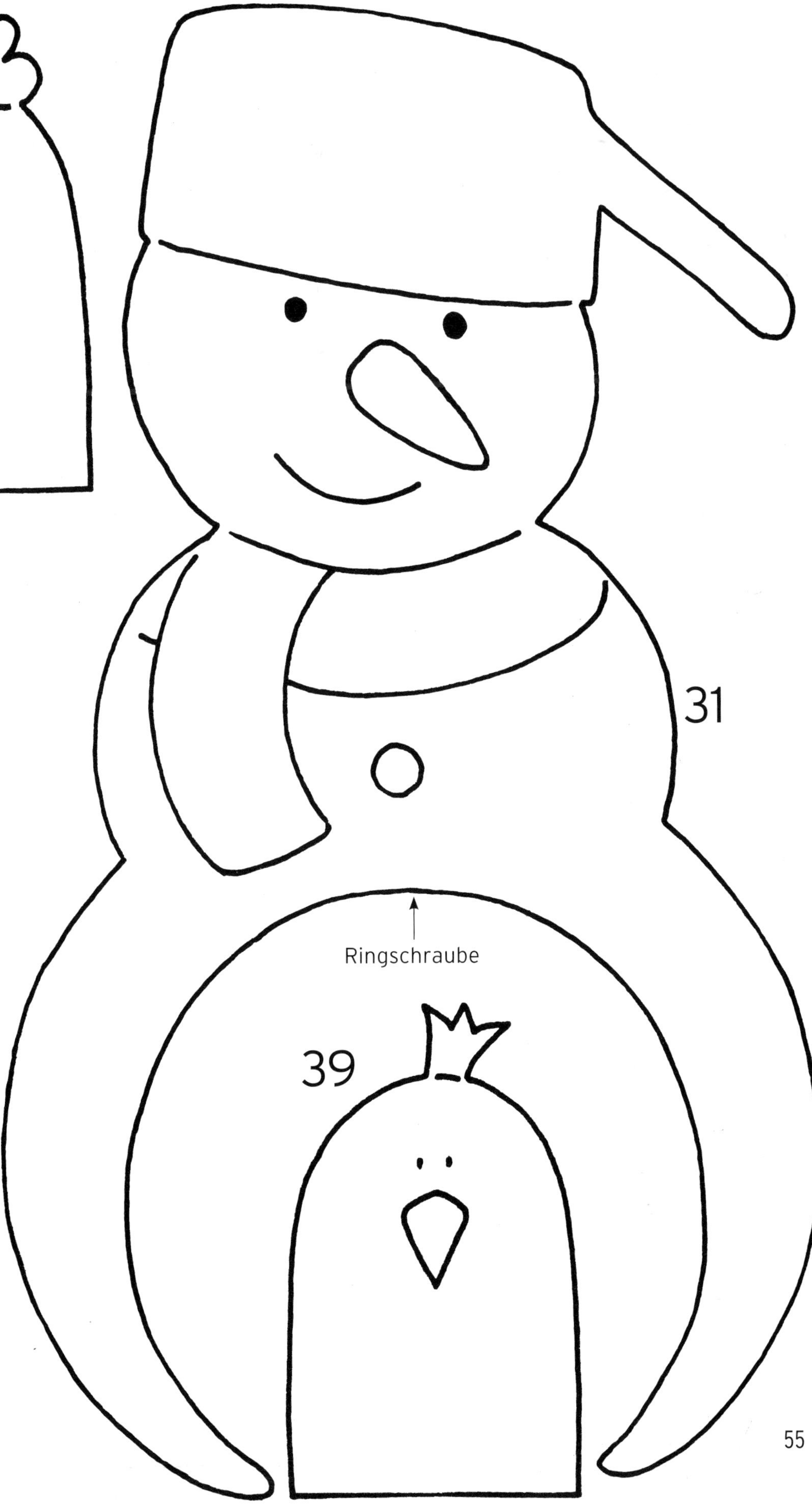

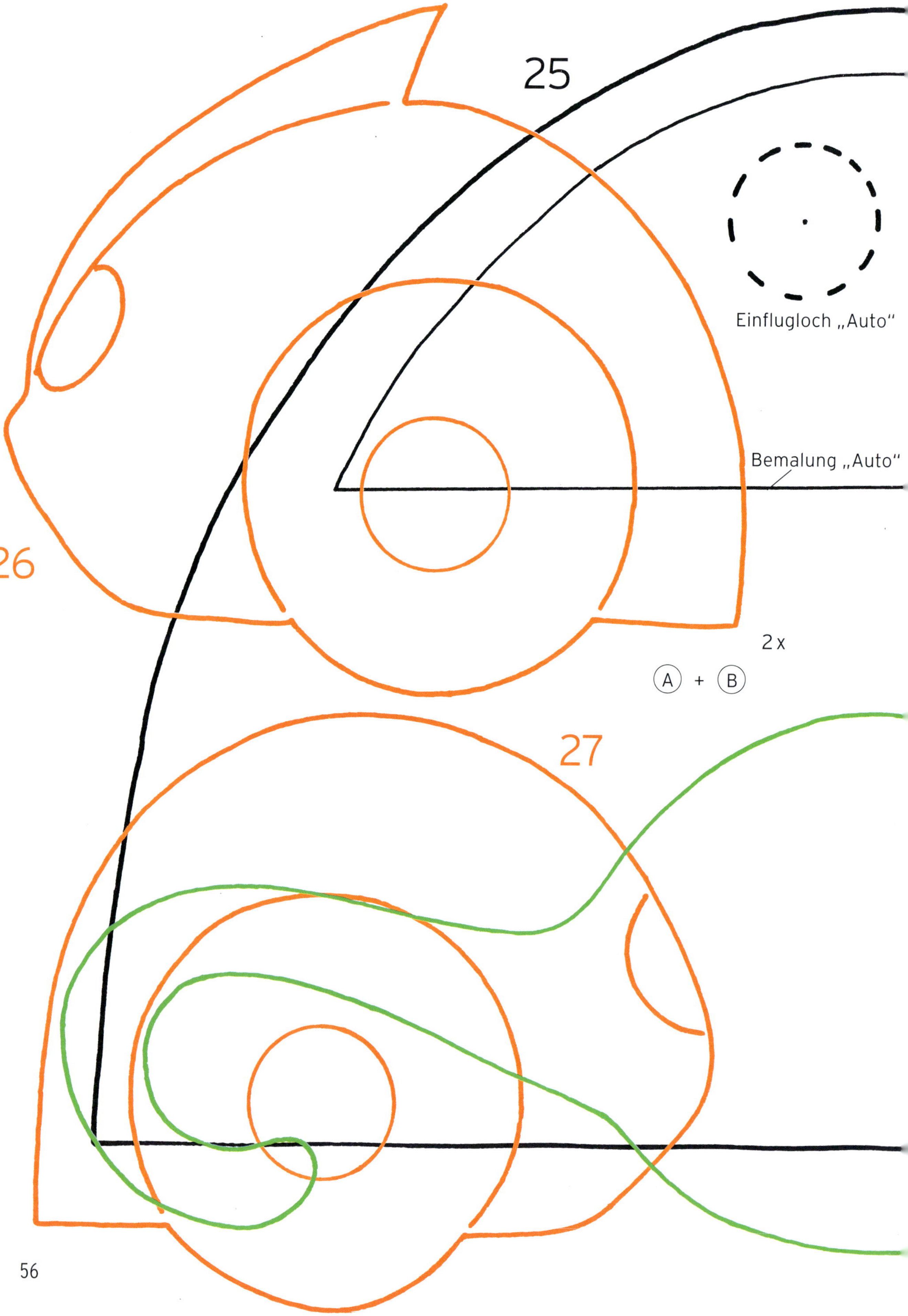
25
Einflugloch „Auto“
Bemalung „Auto“
26
2 x
A + B
27

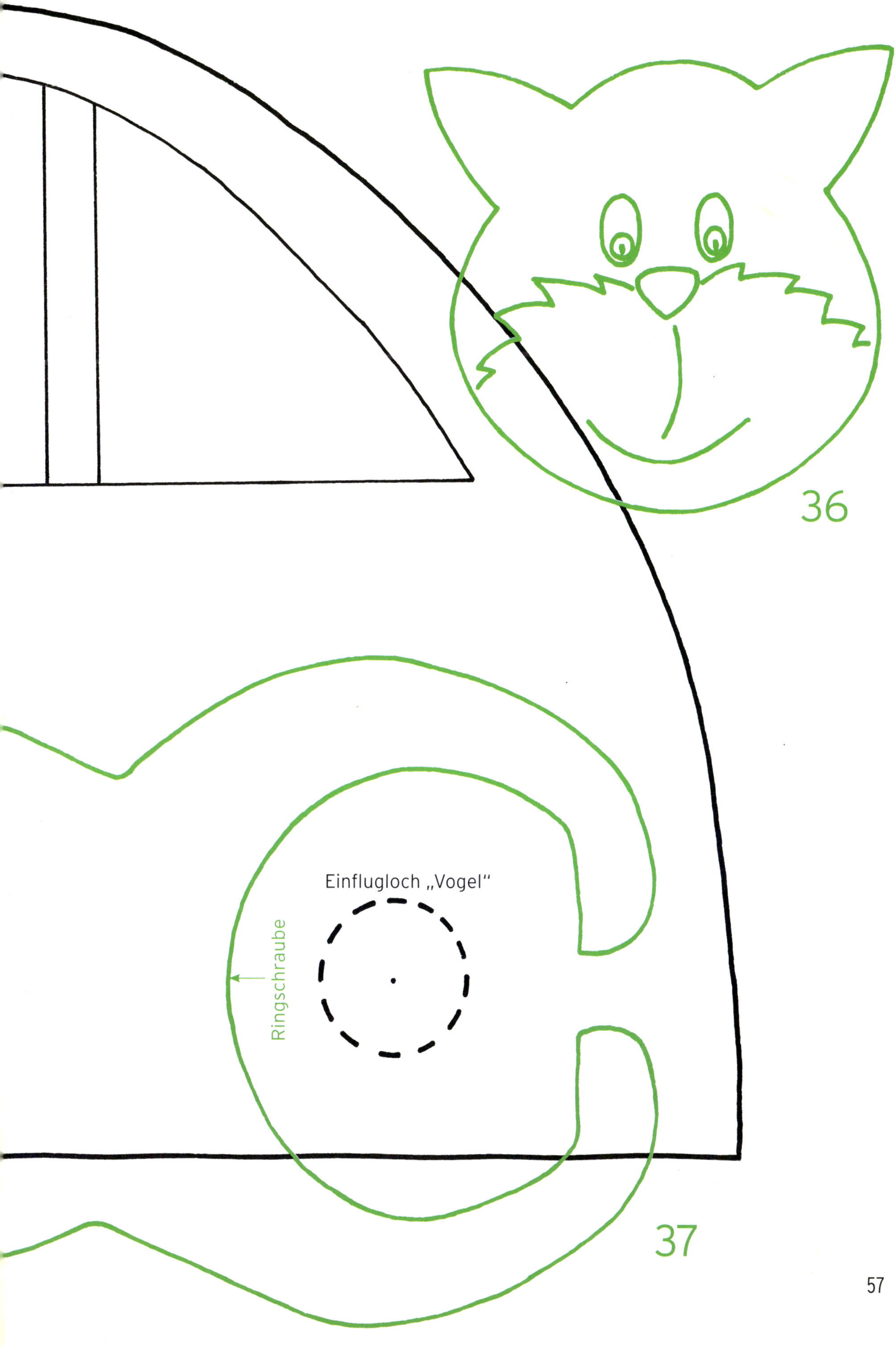

36
Einflugloch „Vogel“
Ringschraube
37

35

Vorlage 35: nur die äußere Blütenkontur

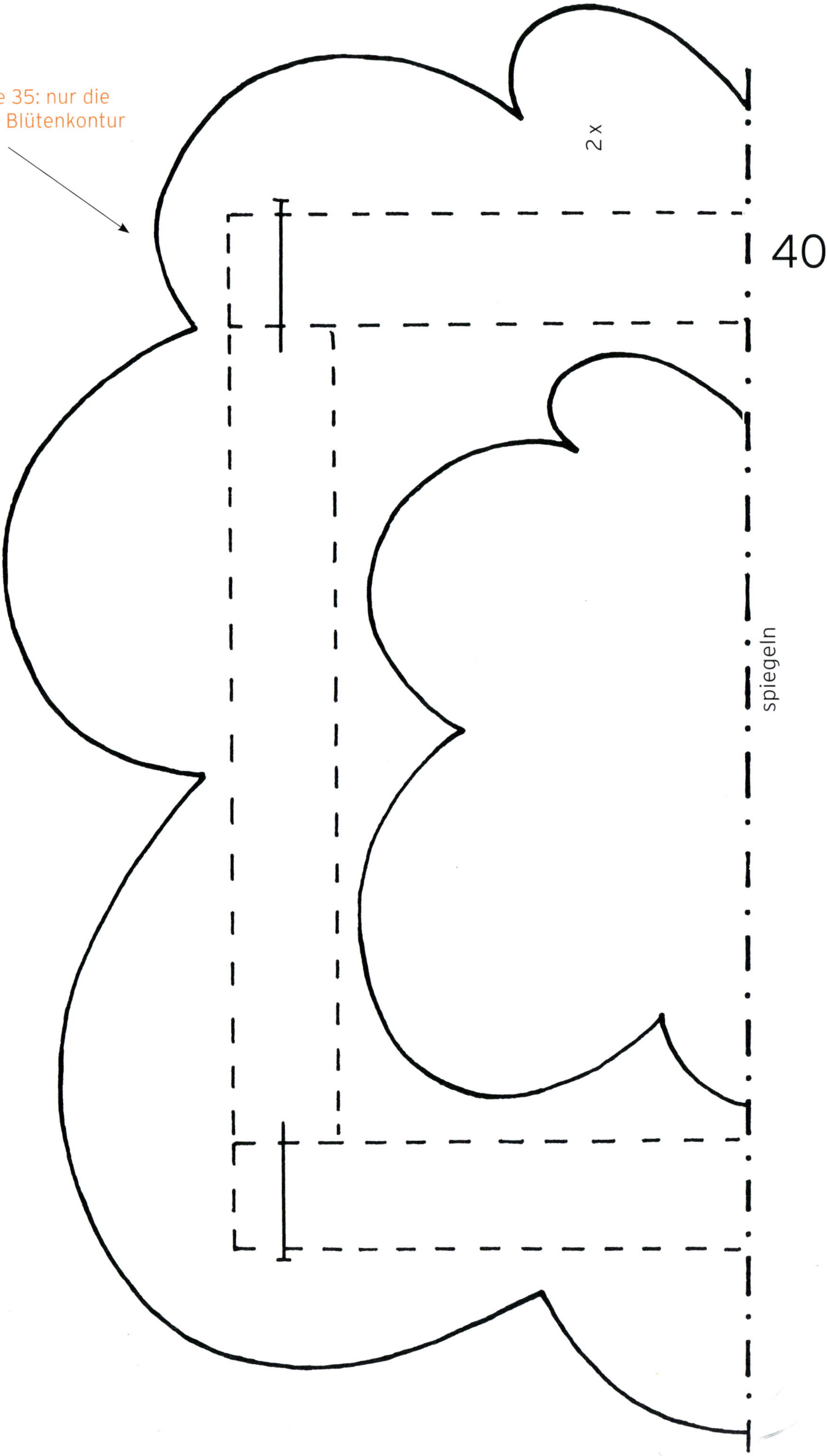

Streufutter-Silo

Anleitung und Abbildung Seite 42/43

3D-Skizze

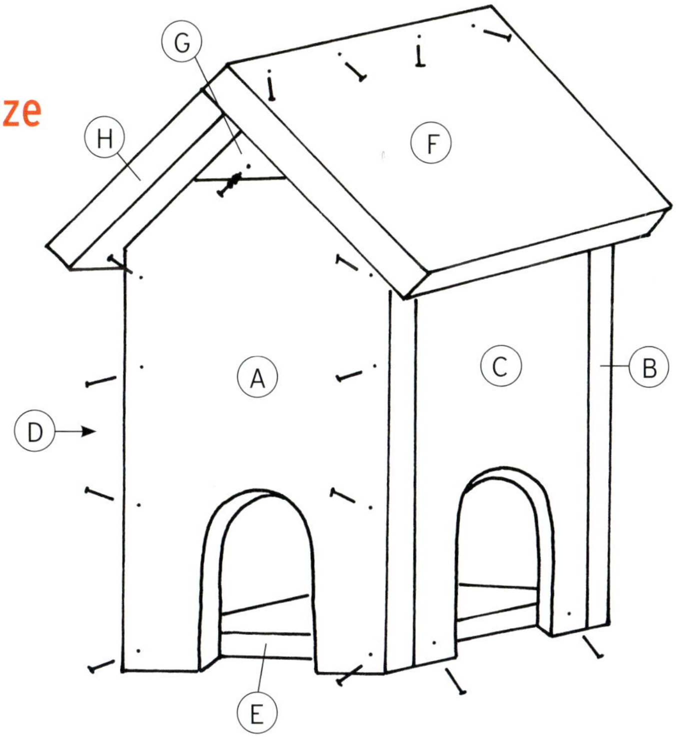

Hinweis

Bei veränderter Materialstärke verändern sich die Maße des Bodens, die eingesetzten Leistenstücke müssen eventuell dem Flaschendurchmesser angepasst werden.

Sägeplan

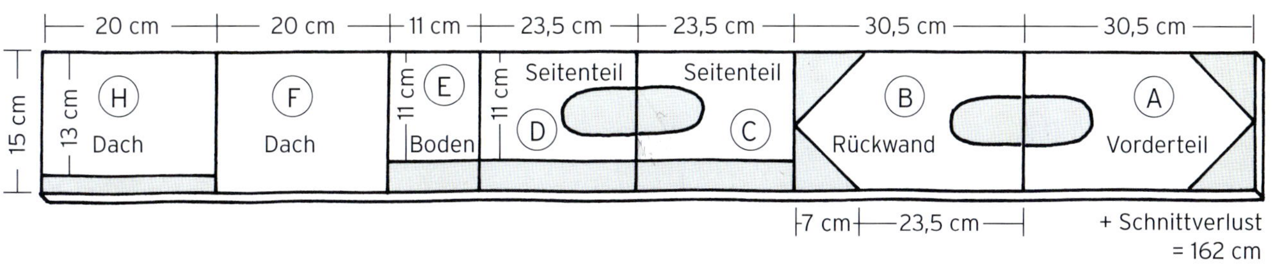

Sägeplan – Modell 5

Anleitung und Abbildung Seite 36/37

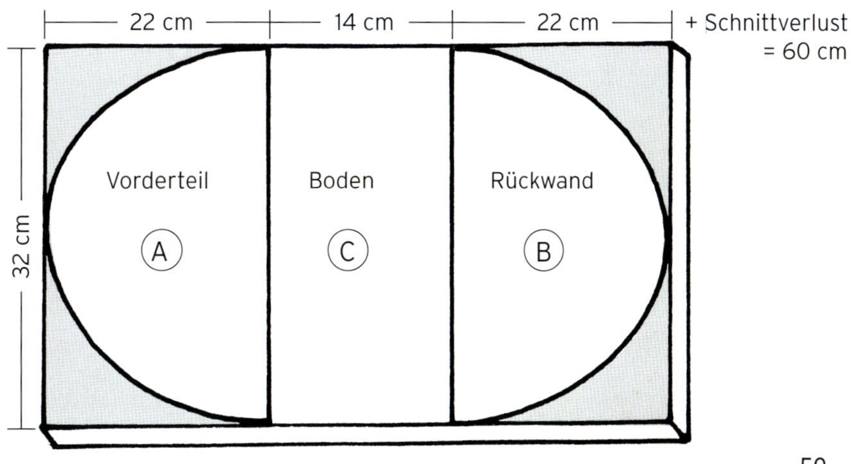

Hinweis

Bei veränderter Materialstärke verändert sich die Länge der Leisten.

„Durchgehend geöffnet“

Anleitung und Abbildung Seite 44/45

Montage-Skizze

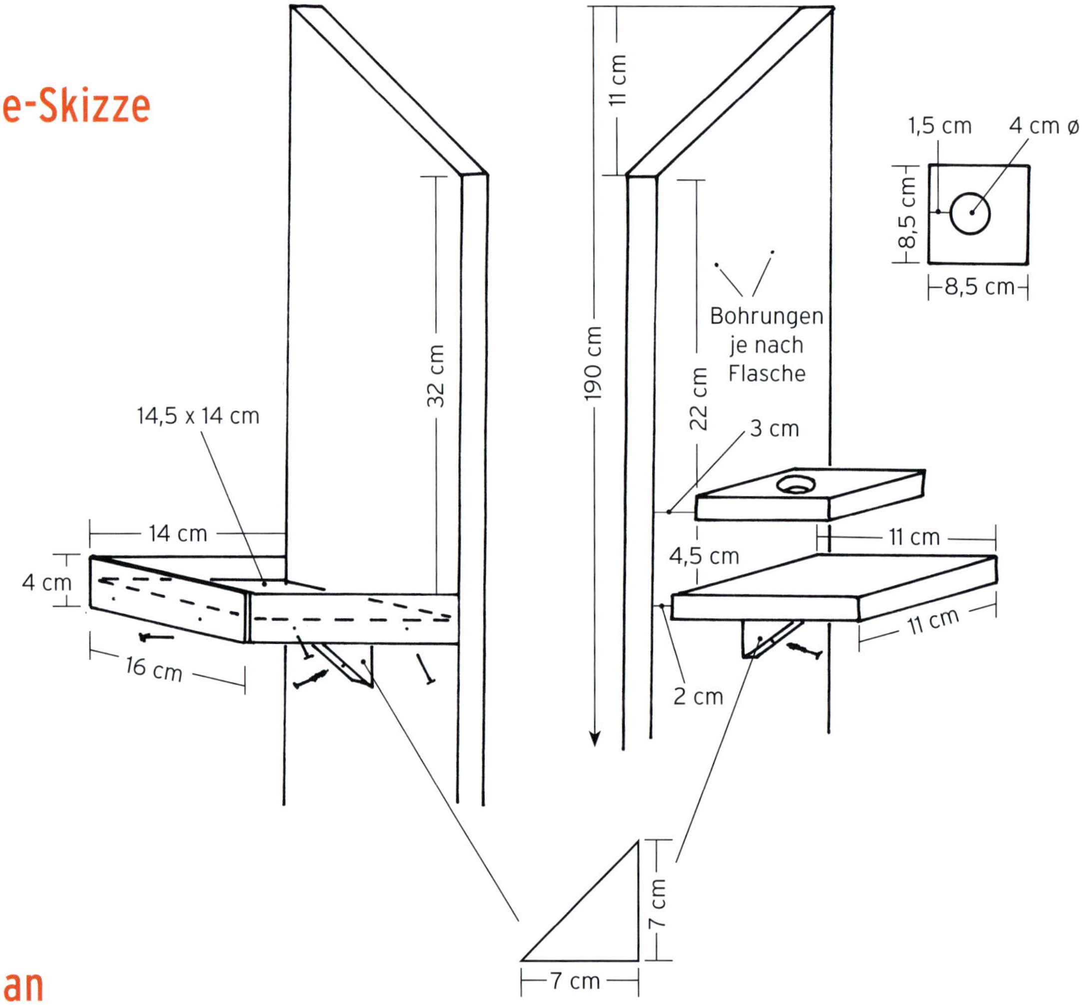

Sägeplan

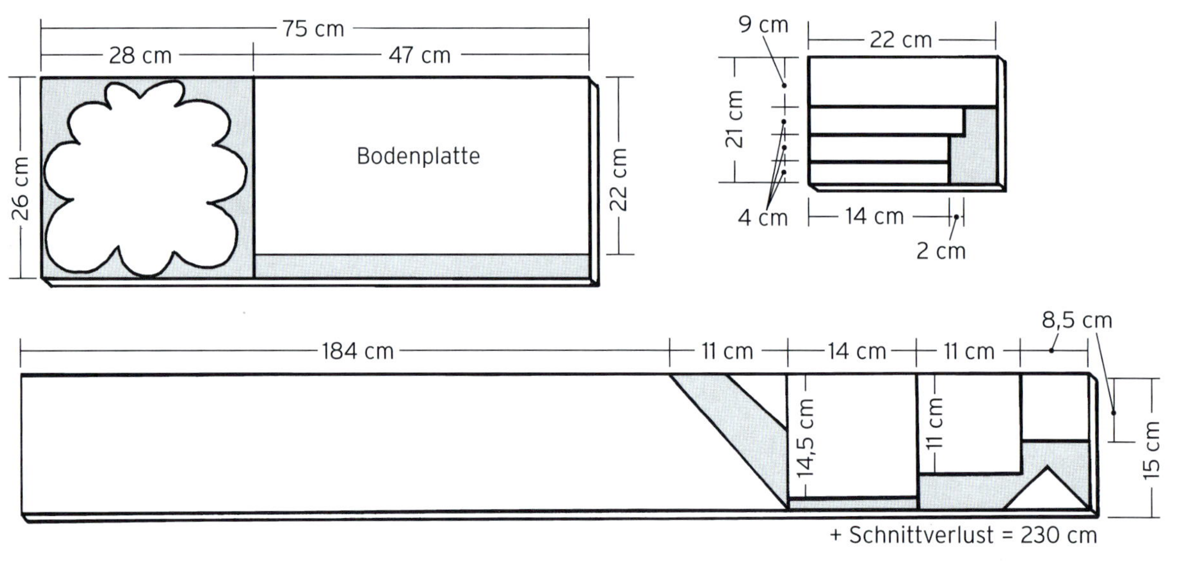

Lustige Hühner

Anleitung und Abbildung Seite 48/49

3D-Skizze

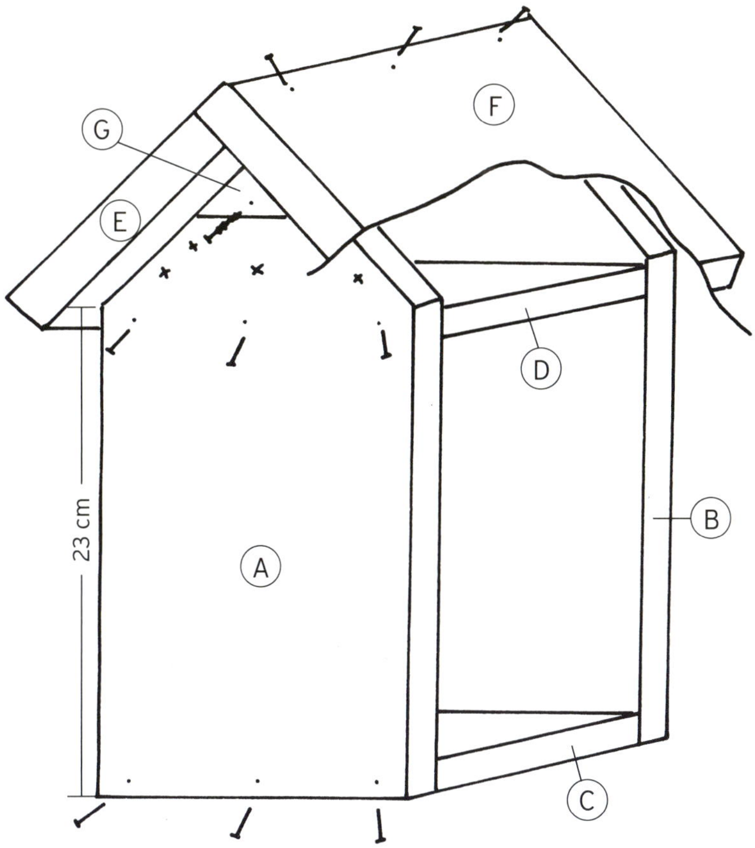

Hinweis

Bei veränderter Materialstärke können die Maße bleiben, es wird nur der Dachüberstand kleiner oder größer.

Sägeplan

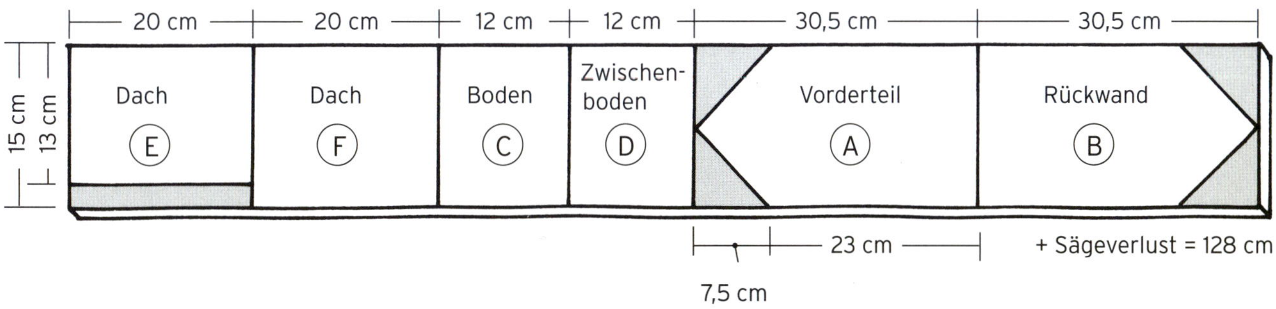

Impressum

© 2009 Christophorus Verlag
GmbH & Co. KG Freiburg

Alle Rechte vorbehalten –
Printed in Germany

ISBN 978-3-86673-193-6
Art.-Nr. 2193

Alle gezeigten Modelle, Illustrationen und Fotos sind urheberrechtlich geschützt. Jede gewerbliche Nutzung ist untersagt. Dies gilt auch für eine Vervielfältigung bzw. Verbreitung über elektronische Medien.

Autorin und Verlag haben alle Angaben und Anleitungen mit größtmöglicher Sorgfalt zusammengestellt. Dennoch kann bei Fehlern keinerlei Haftung für direkte oder indirekte Folgen übernommen werden.

Der Verlag übernimmt keine Gewähr und keine Haftung für die Verfügbarkeit der gezeigten Materialien.

Lektorat: Gisa Windhüfel
Fotos und Styling: Roland Krieg, Waldkirch
Umschlaggestaltung: Aurélie Lambrecht
Satz: Arnold & Domnick, Leipzig
Reproduktion: Meyle & Müller, Pforzheim
Druck und Verarbeitung: Himmer AG, Augsburg

Sie haben Fragen zu Materialien, Anleitungen oder einer Kreativtechnik? Ganz gleich, ob Basteln, Malen oder Handarbeiten: Wir helfen Ihnen weiter!

Schreiben Sie uns,
wir sind für Sie da!

service-hotline@c-verlag.de

Christophorus Verlag GmbH & Co. KG • Leser-Service • Römerstr. 90 • D-79618 Rheinfelden • Fax: 076 23 / 96 46 44 49